学术研究文库

自然保护与利用研究

赵学敏题

赵启鸿 著

U0293474

中国林业出版社
China Forestry Publishing House

图书在版编目（CIP）数据

自然保护与利用研究 / 赵启鸿著 .—北京：中国林业出版社，2015.4

（学术研究文库）

ISBN 978-7-5038-7860-2

Ⅰ.①自… Ⅱ.①赵… Ⅲ.①洞庭湖 – 自然保护区 – 自然资源保护 – 研究 – 中国 Ⅳ.①S759.9

中国版本图书馆 CIP 数据核字（2015）第 033774 号

出版 中国林业出版社（100009 北京西城区刘海胡同 7 号）

http：//lycb. forestry. gov. cn

E-mail 36132881@qq. com **电话** 010-83143545

发行 中国林业出版社

印刷 北京北林印刷厂

版次 2015 年 4 月第 1 版

印次 2015 年 4 月第 1 次

开本 880mm×1230mm 1/32

印张 3.75（图版 8 面）

字数 102 千字

定价 39.00 元

序

　　湖南东洞庭湖国家级自然保护区管理局局长赵启鸿在工作之余参加北京林业大学研究生班学习，并撰写论文成册，我很欣慰，并欣然为其成果作序。

　　我国是一个自然资源极为丰富的国家，是世界上动植物种类最多的国家之一。我国政府十分重视野生动植物保护工作，从20世纪50年代开始，就逐步建立了各类自然保护区，目前自然保护区数量已达2 000多个，自然保护区面积占国土总面积的15％。党的十八大又把生态文明建设作为我党治国理政的五大重点之一。

　　在看到光明前程之时，我们也要清醒地认识，目前我国自然保护整体在提升，但局部在弱化，甚至有些地方生态在恶化。保护与发展的矛盾依然还很尖锐，有些地方以发展为名，行破坏资源之实，有些地方为了眼前利益杀鸡取卵，凡此种种都与中央的要求、人民的期盼背道而驰！

　　作为保护区管理局局长，应当多干、多思、多学，把实践升华为理论，用理论指导实践，在理论联系实践的过程中摸索出最适合本区域保护与利用的新途径。这样，我们的事业就能持续前进，科学发展。

　　是为序。

（国家林业局野生动植物保护与自然保护区管理司司长）

2014年1月1日

目 录

第1章
绪　论

1.1　研究背景

　　洞庭湖位于湖南省东北部，长江中游荆江段南岸，是我国第二大淡水湖，是湖南省唯一的大型通江湖泊湿地，天然湖泊面积2 625平方公里，承担着调蓄长江、"四水"超额洪水的重要任务，每年调蓄长江洪水约30%~40%，维系着洞庭湖区和长江中下游防洪安全。洞庭湖由东洞庭湖、南洞庭湖、西洞庭湖三部分组成，其中东洞庭湖面积1 650平方公里，占洞庭湖面积的60%以上。

　　东洞庭湖湿地位于洞庭湖东部，南集"四水"，北调长江，是生境类型和生物多样性最为丰富的国际重要湿地，在我国及世界生物多样性保护中具有代表性。东洞庭湖自然保护区成立于1982年，1994年升格为国家级自然保护区，总面积19万公顷，其中核心区面积2.96万公顷，缓冲区面积3.58万公顷，实验区面积12.46万公顷。它是我国首批六块国际重要湿地之一，是51个国家示范保护区之一，是目前湖南省唯一的国家级湿地类型保护区，也是世界自然基金会认定的全球200个生物多样性热点地区之一。

　　长期以来，规模化的围垦导致了湖泊湿地大面积的丧失；水体污染、湖泊干旱等一系列生态危机频频发生，筑坝、竭泽而渔以及有害的渔具渔法和超强度捕捞的影响，造成了鱼类种群结构严重失衡，大量的鱼类产卵地和育肥场所消失；杨树等非湿地物种大面积侵占湿地，导致湖泊湿地景观和生态结构严重破碎化；特别是长江三峡截流造成的水位的影响，洞庭湖湿地功能急剧退化，生物多样性明显下降，资源保护与利用之间的矛盾日益尖锐。目前局面的形成，是因为我们历来对洞庭湖的湿地功能和价值缺乏普遍的科学认识，特别是对洞庭湖湿地生态系统和自然资源在可持续发展中的重要地位认识不足，以及部门化管理的矛盾，地方利益的保护，法律法规的滞后，科学利用模式的缺乏等原因造成的。如何解决这些问题，成为我国湿地保护工作的当务之急。

1.2 研究的目的和意义

1.2.1 研究的目的

本书研究东洞庭湖自然保护与发展的目的，主要是通过东洞庭湖湿地生物多样性的资源重要性和服务于社会发展的生态功能与重要作用，客观分析其在保护与发展中存在的影响因素和历史瓶颈，系统梳理近年来保护区为寻求保护与发展探索出来的发展模式，科学分析和总结在该模式的推动下，东洞庭湖保护区所取得的重要成果，为社会可持续发展所起到的重要作用，以及管理洞庭湖湿地生物多样性资源与实现区域可持续发展之间的必然联系，为科学保护大型内陆性湖泊湿地提出合理化建议。

本书以湿地生物多样性和社会属性为出发点，以保护生物学的基本原理和可持续发展观为指导，以传统利用模式、现行社会保护与发展的矛盾，以及其可能存在的趋势为研究目标，以流域综合管理以及保护与利用协调发展为研究方向展开论述，重点探讨大型湖泊湿地如何实现科学管理的发展模式，为决策者和管理者提供策略参考，也为我国湿地保护与可持续利用事业提供新的视角和思路。

1.2.2 研究的意义

系统研究东洞庭湖湿地资源保护与社会发展的关系，有助于系统了解洞庭湖湿地资源的基本属性、重要意义和地位，通过对洞庭湖自然湿地范围内湿地保护与利用间矛盾的解读来分析，掌握洞庭湖保护与发展不协调的基本原因。东洞庭湖国家级自然保护区作为我国首批国际重要湿地和国家示范保护区，针对上述湿地保护与发展中的影响因素，展开了一系列遏止这一趋势的有效措施，并取得了一定成效。总结这一在我国极具代表性的大型内陆性湖泊湿地保护与发展的有效经验，对推动我国湿地保护与社会可持续发展，促进生态文明建设，具有较大的指导性意义。

以在中国湿地领域国际影响最深远，保护与发展矛盾最突出，传统产业演变历史悠久以及管理最复杂的洞庭湖湿地为研究对象，就是希望提高对洞庭湖湿地的整体认识，总结保护与发展的关系，梳理科学管理的脉络，掌握资源与环境协调发展的总体方向，进而推动洞庭湖湿地保护事业，并为实现区域可持续发展作出贡献，因此具有十分重要的现实意义。

1.3 国内外研究动态

1.3.1 国外研究动态

世界各国对湿地的认识各不相同，各种解释达到了 200 多个，直到 1972 年 Rammsar 公约（现为国际重要湿地公约）对湿地的概念做了一个相对完整的普遍解释，各国的湿地管理工作才有了一个相对统一的认识和标准。湿地作为地球三大生态系统之一，在人类的生存和社会发展中起着至关重要的作用。

1972 年，第一次联合国环境发展大会以后，环境问题逐渐被各个国家政府和公众所接受并重视起来。国际上对自然生态系统实施科学意义上的保护始于美国建立的 National Yellowstone Park（黄石公园）。此后全球建立了大量的保护区，中国目前已经建立了 2 000 多个不同生态类型的保护区。通过建立保护区来统筹管理生态系统并使之与社会经济系统有机结合，事实证明是一个比较理想的选择。

湿地的利用历史悠久，各国、各地区管理湿地主要以传统民俗为主，对湿地的生物多样性和系统稳定的研究特别是支持可持续发展的研究比较晚。国际上对洞庭湖的湿地资源保护和研究始于1982年东洞庭湖自然保护区建立之后，1986年以来，国际鹤类基金会（ICF）主席乔治·阿基波研究了洞庭湖白鹤，日本野雁协会和世界雁类研究中心研究了洞庭湖越冬小白额雁，随后欧盟雁类专家组、澳大利亚涉禽专家组主席马克·巴特以及俄罗斯专家都开始研究洞庭湖迁徙候鸟。经过近20年的持续关注和研究，国际专家高度评价洞庭湖为"国际濒危物种的希望地"和"人与自然和谐相处的典范"。这些工作和评价也促进了洞庭湖湿地水鸟和湿地生态系统的管理水平的全面提高。

近10年来，世界自然基金会（WWF）在洞庭湖湿地开展了3期湿地综合管理项目，通过发展有机渔业、有机农业和生态旅游等适洪经济模式并加以推广，提高了湿地资源的利用效率和保护价值；提高了公众意识的同时，推动了湖南省、岳阳市成立了洞庭湖综合协调机构来实现流域综合管理；联合国全球环境基金（GEF）中国湿地生物多样性保护与可持续利用项目也进一步推进了洞庭湖生物多样性保护的主流化进程，加快了构建公众参与湿地监测和保护的信息共享平台建设。

1.3.2   国内研究动态

国内研究洞庭湖以水文和历史演变以及长江与洞庭湖的关系为主要方向。围绕洞庭湖的演变、泥沙淤积、水文情势、整治开发和三峡工程与洞庭湖关系等方面已经作了不少的研究，这些研究成果为洞庭湖湿地生物多样性的有效保护与合理利用提供了一定的科学依据。近年来，以中国科学院亚热带所、北京林业大学等国内科研院所和大专院校为代表的研究团队，开始对洞庭湖的湿地生态、生物多样性等方向展开了系统研究。

围绕洞庭湖自然湿地制订的规划，有环保部门制订的洞庭湖生态功能区规划，水利部门制订的洞庭湖水利工程规划，国土部门制订的洞庭湖区土地利用规划，林业部门制订的洞庭湖自然保护区整体规划和洞庭湖杨树产业规划，以及芦苇行业部门制订的洞庭湖芦苇产业规划等等。这些规划多以部门代表地方政府和上级行业主管部门制定，在行业与地方政府的要求上往往难以平衡。典型的差异还体现在生态规划和社会经济发展的规划、全局规划与局部规划、保护规划与发展规划之间存在脱节。加之法律的制定也是以部门法为主，管理机制和管理模式缺乏科学性。

1.4 研究方法和内容

1.4.1 研究方法

一是理论与实际相结合。运用生态、区域经济、流域管理的理论，认真分析总结东洞庭湖保护区所获得的数据与资料，形成自己的结论。二是定量研究与定性研究相结合的方法。三是静态分析与动态分析相结合。

1.4.2 研究内容

科学分析东洞庭湖保护区的现状，系统梳理保护与发展过程中存在的主要问题，以及针对这些问题所采取的主要的措施，科学总结在在此基础上取得的明显成效，和解决阻碍保护与发展主要问题的程度，并形成大型内陆型湖泊保护与发展的理论模式。

第2章
东洞庭湖保护区概况

2.1 位置与范围

湖南东洞庭湖国家级自然保护区，位于长江中下游荆江江段南侧，地处湖南省东北部岳阳市境内，地理坐标为北纬 28°59′~29°38′，东经 112°43′~113°15′ 之间。东洞庭湖保护区北起长江湘鄂两省主航道分界线，南至磊石山，东至京广铁路，西至与南县交界。管理范围包括整个东洞庭湖水域及其近周平原岗地，总面积 19 万公顷。管理范围按土地权属分为辖权管理区和社区共管区两个区域，不同区域按不同的管理模式进行管理。其中辖权管理区面积 6.54 万公顷，依法由保护区独立行使辖权管理；社区共管区面积 12.46 万公顷，土地权属涉及岳阳市的岳阳楼区、云溪区、君山区、岳阳县、华容县、临湘市、汨罗市等县（市）社区范围。岳阳市人民政府于 1990 年正式发布公告，保护区负责其范围内的自然资源管理，并参与当地社区对自然环境进行规划和保护；辖权管理区面积 6.54 万公顷，依法由保护区独立行使辖权管理。

2.2 设置与沿革

20 世纪 70 年代，洞庭湖经历了不断的淤积和围垦后，沉重的发展压力使得其生态环境质量逐年下降，湿地生物多样性资源迅速减少，甚至有些濒危物种逐渐绝迹。保护洞庭湖自然环境和自然资源逐渐成为了洞庭湖综合治理的普遍共识。1979 年，湖南省人民政府作出了建立自然保护区的重要决策，由湖南省林业厅牵头，在湖南省环保局、旅游局等部门支持下，组织了湖南省林学会、生态学会、湖南师范大学、中南林学院的专家学者组成考察组，对洞庭湖进行了科学考察，提出了在东洞庭湖建立自然保护区的建议。1982 年 3 月，湖南省人民政府批准首先在君山建立省级自然保护区，归岳阳市人民政府领导。1984 年正式由湖南省林业厅、财政厅、编委、劳动人事厅下达编制和经费。1987 年 6 月，岳阳市人民政府报请湖南省人民政府同意，正式更名为湖南省岳阳东洞庭湖自然保护区，级别和隶属关系不变。1992 年 2 月 20 日，国务院决定，向联合国教科文组织提出申请，将东洞庭湖自然保护区等 6 个保护区列入《关于特别是作为水禽栖息地的国际重要湿地公约》的《国际重要湿地名录》。同年 7 月 1 日，作为国际重要湿地正式生效。1993 年 11 月，保护区获得国家级自然保护区评审委员会评审通过，1994 年 4 月 5 日经国务院审定，中华人民共和国国务院以《国务院关于发布牡丹峰等国家级自然保护区名单的通知》（国函〔1994〕26 号）正式发布东洞庭湖自然保护区升格为国家级自然保护区。2006 年 3 月 8 日国家林业局以林计发〔2006〕35 号文件正式批复《湖南东洞庭湖国家级自然保护区总体规划》，并于同年被批准成为首批林业系统国家级示范保护区。2009 年，保护区被授予"湖南省生态文明教育基地"，2010 年，世界自然基金会授予保护区"长江湿地网络保护区示范单位"。

2.3 法律地位

1992 年 7 月，湖南东洞庭湖国家级自然保护区被列入《关于特别是作为水禽栖息地的国际重要湿地公约》的《国际重要湿地名录》。

1994 年 4 月 5 日经过国务院审定，中华人民共和国国务院以《国务院关于发布牡丹峰等国家级自然保护区名单的通知》（国函〔1994〕26 号）正式发布该自然保护区为国家级自然保护区。

1994 年岳阳市编委下达岳市编〔1994〕23 号文件，确定东洞庭湖国家级保护区管理局为副处级事业单位。

2.4 主要保护对象

2.4.1 湿地生态系统和生物多样性

湖南东洞庭湖湿地是由东洞庭湖及其区间河流给予水量补给而形成的河湖补给性湿地。陆地地表过湿或有积水，水生植物和沼生植物依水深梯度呈圈带状连片分布，湿地夏相为单一明水地貌，冬相则可以分为明水、芦苇沼泽、薹草沼泽、泥炭沼泽和潮泥滩5种地貌形态。

湖南东洞庭国家级自然保护区地理位置优越，生态类型独特，是我国长江流域最重要的"肾脏"之一，是鸟类迁徙的"中转站"、越冬地和繁殖地，是研究湖泊湿地生态系统形成、演化、发展规律的重要基地，是生态系统天然的"本底"和物种基因库，是科学研究的天然实验室，是进行科普宣传教育的博物馆，是开展生态旅游的理想场所。在我国生物多样性保护、国际重要湿地保护和履约、湿地研究工作中占有极其重要的地位，是《中国21世纪议程》确定的重点保护区之一，其独特的湖泊湿地生态系统是实现可持续发展进程中关系国家和区域生态安全的战略资源。

不论作为鸟类的停歇地、越冬栖息地和繁殖地，还是作为典型独特的湖泊湿地生态系统，自然保护区都具有十分重要的不可替代的保护价值和生态意义。

2.4.2 珍稀濒危鸟类

自然保护区现有鸟类16目41科338种，其中，国家重点保护的野生鸟类52种，属于Ⅰ级保护动物有：白鹤、白头鹤、东方白鹳、黑鹳、中华秋沙鸭、白尾海雕、大鸨等7种，属Ⅱ级保护动物有：白额雁、小天鹅、白琵鹭、鸳鸯等45种；被列入国际濒危物种红皮书的还有小白额雁、鸿雁、花脸鸭、青头潜鸭等珍稀濒危鸟类。另外属于中日、中澳、中俄双边协定保护的鸟类达到129种。湖南东洞庭湖国家级自然保护区越冬候鸟具有种类多、数量大、密集程度高等特点，是长江中下游区域最重要的水鸟越冬地之一。

2.4.3　自然生态环境和自然资源

八百里洞庭虽然一去不复返，但现今的洞庭湖依然具有丰富的自然生态环境和自然资源，湖光浩渺的洞庭湖具有丰富的自然资源和优美的自然生态环境，养育着上千万人口，让全世界的生态文明爱好者都关注这里。

2.4.4　自然和人文景观

东洞庭湖国家级自然保护区具有丰富的自然和人文景观，岳阳楼、君山岛、大小西湖等自然和人文景观闻名于世，是洞庭湖的最为重要的风景标示，吸引了全世界游人的目光，为国家的旅游业做出了巨大的贡献。

2.5　保护管理机构

2.5.1　人员编制

湖南东洞庭湖国家级自然保护区管理局的编制经岳阳市机构编制委员会核定为 98 人，实际在编从事保护区保护管理人员为 41 人。包括管理局领导 6 人，办公室 5 人，保护科 2 人，科技科 3 人，社区事务科 2 人，宣教中心 2 人，管理站 21 人。

保护区人员状况见表 2-1。

表 2-1　保护区管理局人员现状统计表

	学历	人数		年龄段	人数		技术职称	人数
文化结构	硕士以上	1	年龄结构	≥50	8	职称结构	高级	2
	本科	11		≥40	15		中级	11
	大专	21		≥30	17		助工	9
	中专或高中	6		30 岁以下	1		技术员	19
	初中及以下	2						

2.5.2　机构设置与职能

（1）管理局领导。贯彻国家有关法律、法规和政策的实施，执行当地政府和上级主管部门赋予保护区的各项任务。制定保护区发展方向、方针政策，制定工作计划和各项规章制度，从总体上把握全局的发展。

（2）办公室。负责文书处理、秘书事务、档案管理、机要保密、信息综合，起草有关文件，协调各科室的工作关系，接待来信来访；负责本单位的人事、政工、劳资、安全保卫和后勤保障；检查和了解各科、站对上级指示、工作计划、会议决定及领导批示的执行办理情况；负责设备添置和公共财产的登记保管；严格执行资金审批制度；指导创收节支活动，增强自然保护事业的发展实力。下辖政工人事和财务科。

（3）保护科。负责保护区自然保护管理和协调工作；贯彻执行《中华人民共和国自然保护法》、《森林和野生动物类型自然保护区管理办法》、《中华人民共和国野生动物保护法》、《湖南省野生动植物资源保护条例》等法规；检查监督从事野生动植物猎采、饲养、培植及其产制品的购销、运输、加工等活动；筹集野生动植物保护基金，依法查处自然保护区范围违反野生动植物资源管理政策、法规的各类案件。

（4）科技科。组织调查野生动植物资源，进行动物、植被、土壤、气象、生态等科学考察，探索自然演变和合理利用野生动植物资源的途径；积极开展国家、省、市下达的科研课题研究；负责野生动植物人工驯养繁殖利用、旅游资源开发研究以及技术咨询的有关工作；做好各类专业技术人员的专业技术职务考核、评聘的有关工作。

（5）宣教中心。负责对外宣传教育，公众环境教育的组织和接待服务。负责国际观鸟节的筹备、组织、管理、总结等，以及其他相关的宣教任务。

（6）社区事务科。负责协助各管理站协调社区各项事务，开展社区宣传工作；负责志愿者之家的相关工作，组织开展志愿者活动；负责"个十百千万工程"；负责开展生态补偿的相关工作。

（7）管理站。负责辖区的保护管理、日常巡护、科研监测、水位监控、社区宣传教育；社区共管及观鸟旅游；并做好与临近站点的联系、配合工作，做好社区联防。

2.6　基础设施建设

1996~1998 年，保护区实施国家一期项目建设，国家投入项目建设资金 340 万元，完成了保护区机关办公楼、丁字堤管理站、春风管理站的基础设施建设，其中简易办公楼建设面积 300 平方米，管理站建设面积 700 平方米；完成了丁字堤外滩的鸟类栖息生境改造，改造鸟类栖息生境 1 500 公顷；

2000~2008 年，保护区实施了由联合国开发计划署执行的外援项目——湿地 GEF 项目，购置了相关巡护和监测设备（巡护监测快艇 1 台、巡护车 1 辆，以及望远镜、电脑、GPS 等设备）；

2008~2009 年，保护区实施湿地保护工程项目，国家投入项目资金 1 135 万元，地方配套 1 691 万元，新建了保护区宣教中心和红旗湖站，其中宣教中心建筑面积 2 625 平方米，红旗湖站为流动性趸船站；改造了丁字堤管理站和春风管理站，改造面积 800 平方米；新建了繁育中心和救护中心，并购置了相关设备。

2011 年，保护区实施湿地保护示范工程项目，国家投资 1 200 万，开展了湿地恢复、文化长廊、视频监控、4D 电影建设，形成集观鸟、宣教、旅游、科研、保护等于一体的综合性保护站。

2012 年，国家林业局批复了保护区二期项目，该项目资金 1 200 万元，主要用于保护区科研办公大楼建设。

2.7　土地利用现状

保护区面积 19 万公顷，其中 12.46 万公顷实验区内，0.8 万公顷为岳阳市城区，是土地利用开发程度较高的生活、工业生产基地；11.66 万公顷为农业生产区域，以水稻、棉花、蔬菜及水产养殖为主，分属岳阳县、华容县和君山区三个行政区域。

保护区拥有辖权的土地，分布在湖盆区，面积 6.54 万公顷，其中核心区面积 2.9 万公顷，缓冲区面积 3.64 万公顷。2.9 万公顷核心区内，除夏季有渔业捕捞活动外，冬季基本无其他作业方式，土地开发利用程度相对较低，特别是 0.4 万公顷的大小西湖、丁字堤外滩，在冬季实行全封闭管理，禁止外来人员进入，没有任何生产方式。3.64 万公顷的缓冲区内，夏季被洪水淹没，开展的主要生产活动有航运、捕鱼、芦苇生产、挖沙等，冬季枯水期开展的生产活动主要有航运、捕鱼、割苇、割蒿、放牧、挖沙等。

2.8   人口数量与民族组成

岳阳市国土总面积 15 019 平方公里。总人口 548.34 万，其中城镇人口 256.07 万人，占总人口的 46.7%；农业人口 292.27 万人，占 53.3%（《岳阳年鉴》，2013 ）。岳阳是一个多民族居住的地方，除汉族外还散居着壮族、维吾尔族、苗族、回族等 31 个少数民族。

2.9   交通通讯

保护区管理局机关设在岳阳市，全区 3 个固定管理站、一个活动管理站，由局机关所在地至区内各站，分别有公路或水运航道沟通，车船行驶最长时间不超过 4 小时。

保护区对外交通极为方便，岳阳市是湖南的北大门，水陆交通枢纽，东洞庭湖本身就是一个航道型湖泊，属 B 级航区，终年通航。东部湖漕为总汇湘、资、沅、澧四水航道并连通长江航道的湘江主航道，沿湖设有城陵矶长航港、湘航港、岳航港等大中型港口码头，可与长沙、益阳、常德、津市等湖南四水港口及重庆、武汉、九江、上海等长江航线港口终年客货互航。

京广铁路（复线）、107 国道、京珠高速纵穿保护区，从保护区局址所在地岳阳市可直达我国南北各地。目前正在运行之中的武（汉）广（州）高速客运铁路和常（德）岳（阳）高速公路纵横穿越保护区实验区。

全区通讯事业发展十分发达，基本上村村通电话，移动通讯信号覆盖了整个区域,广播覆盖率达 94.8%,电视覆盖率达 95.5%。

2.10 土地权属

1990 年 7 月岳阳市人民政府颁发了山林权属证书,明确了"在保护区土地面积 19 万公顷中'沿湖大堤 300 米以外的所有水域、草地和无苇洲滩及扁山岛共计面积 6.54 万公顷为保护区所有,受法律保护'。其余面积 12.46 万公顷分别由当地县、区、场和保护区实行共同管理"。

2.11 地方经济状况

保护区所在地岳阳市经济发展良好,综合经济实力居湖南省第二位。以 2012 年为例,全市地区生产总值突破 2 000 亿大关,达到 2 199.92 亿元,同比增长 12.2%,经济总量继续稳居全省第二。全年城镇居民人均可支配收入 22 110 元,比上年增长 13.0%。农村居民人均纯收入 8 326 元,比上年增长 17.8%。

保护区围绕洞庭湖周边大致分为湖东和湖西两部分,湖东为岳阳市市区和小城镇区,是湖南省东北部的经济、政治、文化中心,是长江流域的重要港口,湖南重要的石油化工和旅游基地。湖泊西部为平坦的湖积平原,农业发达,是国家重要的粮、棉、油、猪、鱼、禽等多项农产品大型生产基地。

2012 年全市农林牧渔业总产值 390.78 亿元,比上年增长 3.8%。其中,农业产值 184.16 亿元,增长 2.8%;林业产值 11.72 亿元,增长 3.9%;牧业产值 130.65 亿元,增长 3.8%;渔业产值 58.81 亿元,增长 5.9%;农林牧渔服务业产值 5.44 亿元,增长 11.0%。

2.12 保护区经济状况

保护区内社区主要有岳阳县麻塘镇、中洲乡和县苇业公司,华容县幸福乡、团洲乡、注滋口镇，君山区以及岳阳城区。除岳阳城区外，其他社区基本属农业生产区域，以及芦苇、渔业生产区域。除岳阳市城区以外，社区内人均纯收入 5 339 元。

东洞庭湖是通江湖泊，也是目前洞庭湖湖泊群中最大、保存最完好的天然季节性湖泊，冬夏水位落差最高可达 17 米之多，丰富的生境类型为成千上万的越冬鸟类及其他水生生物提供了十分稳定、优良的栖息繁衍场所。

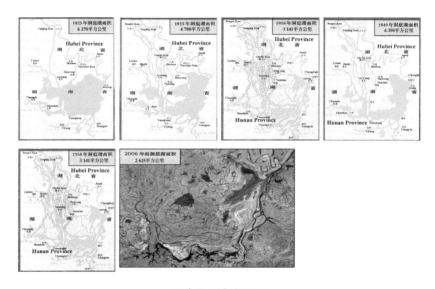

洞庭湖历史变迁图

保护区经历了 30 年的发展建设，在保护管理、宣传教育、科研监测、社区共管、封闭管理等方面做了大量的工作，有效地保护了越冬水禽及其栖息地和湿地生态系统，通过专项行动的开展，非法狩猎、侵占湿地、枪杀野生动物的行为得到了极大的遏止，经过了长期科普知识的普及和多种形式的宣传教育，公众的湿地生态保护和鸟类保护意识有了普遍的提高，保护区工作人员也从最初的 6 人发展到现在的 41 人，基础建设从简陋到明显改善，设施装备从无到有，社会影响力从鲜为人知到全国示范。

第3章
东洞庭湖湿地资源和功能
及独特地位

3.1　东洞庭湖湿地资源

3.1.1　植物资源

按照中国植物地理区划，该植被区划上属于泛北极植物区、中国 –
日本森林植物亚区、华东区，洞庭湖植被依水分梯度的变化表现出多
种生态型。

从浅水湖湖床到陆地，依次分布有 8 个植被分布带：①沉水植物带；
②浮水植物带；③挺水植物带；④洲滩裸地带；⑤沼泽化草甸带；⑥川三
蕊柳灌丛带；⑦南荻群落带；⑧洲滩木本落叶阔叶林带。

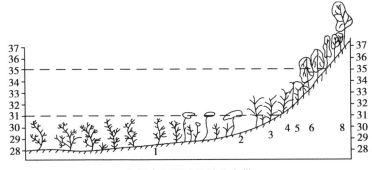

东洞庭湖湿地植被分布带

1. 沉水植物（眼子菜属为主）；2. 浮水植物（菱属为主）；3. 挺水植物（芦苇、香蒲）；4.
白泥滩（有零散焊菜属、酸模属）；5. 沼泽化草甸（薹草）；6. 沼泽化灌丛（川三蕊柳）；
7. 沼泽化禾草（南荻）；8. 阔叶落叶林（丝棉木、桑、榔榆）

根据调查统计，洞庭湖湿地植物区系有维管束土著植物 83 科 229 属 468 种，分别占全国湿地维管束植物 135 科 433 属 1 459 种（及变种）的 60.00％、52.88％和 32.07％，为湖南省维管束植物 248 科 1 119 属的 32.66％和 20.46％。洞庭湖湿地草本植物为湖南草本植物（含栽培植物）的 22.25％。洞庭湖湿地植物区系在中国湿地植物区系中占有十分重要的位置，在湖南省的植物区系也占有重要地位。

芦苇

植物组成中：①蕨类植物 13 个科 14 属 18 种。除鳞毛蕨科有 2 属 3 种、凤尾蕨科 1 属 3 种和木贼科 1 属 2 种以外，均为 1 属 1 种。有水蕨、槐叶萍、萍、满江红 4 个科分布于内湖及沼泽，另外 9 个科出现在垸区湿地耐湿树种林内的低湿处和沟边潮湿或短期淹水处。②植物区系中没有出现裸子植物。③被子植物有 70 科 215 属和 450 种。为全国湿地植物被子植物 113 科 407 属 1 407 种的 61.95％、56.26％和 32.13％，在中国湿地植被植物中占有较大的比重。在植物区系中，禾本科、莎草科、蓼科、萍科、满江红科、睡莲科、菱科、香蒲科、眼子菜科、浮萍科、灯心草科以及杨柳科、榆科和桑科等在植物群落的组成结构中占重要地位。它们中的一些属、种为湿地植被中植物群落的优势种或共优势种。如禾本科的荻属、芦苇属、蔄草属、白茅属、刚竹属、牛鞭草属、雀稗属，莎草科的薹草属、鹿草属，蓼科的蓼属，萍科的萍属，满江红科的满江红属，睡莲科的莲属、芡实属，菱科的菱属，香蒲科的香蒲属，眼子菜科的眼子菜属，浮萍科的浮萍属，灯心草科的灯心草属，杨柳科的柳属，榆科的榆属以及桑科的桑属等。另有菊科、唇形科、十字花科、蝶形花科、伞形科、泽泻科、水鳖科、狸藻科、小二仙科等也是植被的重要组成。从科组成数量的大小上分析，含21属以上的有禾本科（30属，47种，简写成30：47，下同）、菊科（21：46），含11~20属的有唇形科（15：25），含5~10属的有蝶形花科（9:11）、玄参科（8：20）、莎草科（8:46）、伞形科（6:11）、水鳖科（5:8）、茜草科（5:9）、马鞭草科（5：5）、石竹科（5：5），其他科在1~4属之间。含大于21种以上的属有蓼属（23），含11~20种的属有薹草属（12）、眼子菜属（11），含6~10种的属有蒿属（10）、蔗草属（10）、菱属（8）、婆婆纳属（8）、飘拂草属（8）、毛茛属（7）、莎草属（7）、荸荠属（6），其他的属在5种以下。在种属的统计中：只出现1个种的属有138个，占60.52%；出现2个种的属有41个，占17.98%；出现3个种的属有23个，占10.04%；出现4个种的属有12个，占5.24%；出现5个种的属有4个，占2.18%；出现6~10个种的属有9个，占3.93%；出现11~20个种的属有1个，占0.44%；出现21个以上种的属1个，占0.44%。

稻搓菜　　　　　　　　　　　　　　薹草

3.1.2 动物资源

按照中国动物地理区划，保护区动物区划属东洋界，中印亚界，华中区，东部丘陵平原亚区。本区独特的水域湿地环境，决定了本区动物类群具有喜湿或半喜湿性特征。构成本区生物地理动物群的主体为水禽和鱼类，而绝大多数为迁徙性鸟类和洄游性鱼类，形成了复杂的区系特征，同时集中了许多珍稀濒危物种，且濒危物种还具有相当的数量，对于保持湿地生物多样性具有重要意义。

根据湖南东洞庭湖国家级自然保护区前期综合科学考察报告（1993 年）以及多年来专家学者的实地调查研究（包括 2012 年 5 月的专项调查），湖南东洞庭湖自然保护区共有野生脊椎动物 5 纲 38 目 113 科 522 种。其中，鱼纲 8 目 23 科 125 种，两栖纲 2 目 5 科 11 种，爬行纲 3 目 8 科 25 种，鸟纲 18 目 63 科 338 种，哺乳纲 7 目 14 科 33 种。

东洞庭湖国家级自然保护区内珍稀保护动物物种丰富（表 3–1），所占比例明显高于其他地区，具有重要的保护价值。

保护区内国家 I 级重点保护的野生动物有黑鹳（*Ciconia nigra*）、东方白鹳（*Ciconia boyciana*）、中华秋沙鸭（*Mergus squamatus*）、白鹤（*Grus leucogeranus*）、白头鹤（*Grus monacha*）、大鸨（*Otis tarda*）、白尾海雕（*Haliaeetus albicilla*）、麋鹿（*Elaphurus davidianus*）等 8 种，占总物种数量的 1.6%。国家 II 级重点保护的野生动物有 27 种，例如：胭脂鱼（*Myxocyprinius asatiscu*）、虎纹蛙（*Rana tigrina rugulosa*）、白琵鹭（*Platalea leucorodia leucorodia*）、白额雁（*Anser albifrons frontalis*）、小天鹅（*Cygnus columbianus*）、鸳鸯（*Aix galericulata*）、雀鹰（*Accipiter nisus nisosimilis*）、松雀鹰（*Accipiter virgatus affinis*）等，其数量占总物种数量的 6.7%。

保护区内具有中国特有物种 60 种，例如东方蝾螈（*Cynops orientalis*），镇海林蛙（*Rana zhenhaienesis*）、湖北金线蛙（*Rana hubeinensis*）、小麂（*Muntiacus reevesi reevesi* Ogilby）、麋鹿（*Elaphu-rus davidianus*）、华南兔（*Lepus sinensis sinensis*）等，其数量占保护区物种总数的 14.6%。

（1）鸟类。通过对鸟类的系统调查。记录到的鸟类有 18 目 63 科

正在觅食的灰鹤

338 种，其中，国家重点保护的野生鸟类 29 种，属于 Ⅰ 级的有：白鹤
（*Spathiphyllumnb spfloribund* ）、白头鹤（*Grus monacha* ）、东方白鹳（*Ciconia
boyciana* ）、黑鹳（*Ciconia nigra* ）、中华秋沙鸭（*Mergus squamatus* ）、大
鸨（*Otis tarda* ）、白尾海雕（*Haliaeetus albicilla* ）等 7 种，Ⅱ 级的有：白
额雁（*Anser albifrons* ）、小天鹅（*Cygnus columbianus* ）、白琵鹭（*Platalea
leucorodia* ）、鸳鸯（*Aix galeric* ）等 45 种；被列入国际濒危物种红皮书
的还有小白额雁（*Anser erythropus* ）、鸿雁（*Anser cygnoides* ）、花脸鸭（*Anas
formosa* ）、青头潜鸭（*Aythya baeri* ）等珍稀濒危鸟类。

飞翔的白琵鹭群

（2）虾蟹类。本区记录虾蟹类动物 5 科 7 种，周围产区年产量约
500 吨，产量较大的有日本沼虾（*Macrobrachium nipponense* ）、中华小
长臂虾（*Palaemon sinensis* ）、白虾（*Palaem on carinicuuda* ）和螃蟹等 4
种。外来物种美国克氏原螯虾（俗称小龙虾）在东洞庭湖的年产量超
过 2 万吨，对湖区生态带来严重危害。

（3）贝类。本区贝类动物已记录到 9 科 48 种，是饲料和工艺品生
产加工的重要原料，但是多数螺类对农业生产危害较大，特别是钉螺
（*Oncomelania hupensis* ），是危害人畜健康的血吸虫的中间寄主，应该采
取有力措施严格控制其扩散。

（4）昆虫类。本区昆虫资源的系统调查刚刚开始，数据正在鉴定

整理中。

（5）鱼类。本区历来就是我国淡水鱼类产区之一，已记录到的鱼类分别隶属于 8 目 23 科 125 种，多为极具经济价值的鱼类。其中白鲟（*Psephurus gladius*）和中华鲟（*Acipenser sinensis*）是国家 I 级重点保护野生动物，具有重要的研究价值。

（6）两栖类。本区记录到 5 科 11 种，其中蛙类（*Ranidae* sp.）资源储存量很高，虎纹蛙的分布也十分广泛。

（7）爬行类。本区对于爬行类动物尚缺乏系统的调查。已知的有鳖目的龟科（Testudinidae）4 种，鳖科（Trionychidae）1 种，蛇目游蛇科（Colubridae）13 种，眼镜眼科（Elapidae）2 种，蛙科（Viperidae）4 种等。由于爬行类动物具有较高的商业价值，自然群数量日渐稀少，有必要开展资

东洞庭湖鱼类资源

东洞庭湖自然野化麋鹿群

源普查或评估，在摸清资源底数的情况下，予以适当的保护。历史上曾在本区记录到的扬子鳄（*Alligator sinensis*）已经消失。

（8）哺乳类。在保护区野生哺乳类动物有 14 科 33 种，其中麋鹿（*Elaphodus davidianus*）、河麂（*Hydropotes inermis*）、白鱀豚（*Lipotes vexillifer*）、江豚（*Neophocaena phocaenoides*）等国家重点保护野生动物在本区还保存有一定的数量，是我国现今模式标本的主产区，具有极其重要的保护和研究价值。

表 3-1　东洞庭湖国际重要湿地重点保护动物名录

鸟类保护名录

科名	中文名	拉丁名	保护级别
鸭科	大天鹅	*Cygnus cygnus*	国家Ⅱ级
	小天鹅	*Cygnus columbianus*	国家Ⅱ级
	白额雁	*Anser albifrons*	国家Ⅱ级
	红胸黑雁	*Branta ruficollis*	国家Ⅱ级
	鸳鸯	*Aix galericulata*	国家Ⅱ级
	中华秋沙鸭	*Mergus squamatus*	国家Ⅰ级
鸦鹃科	小鸦鹃	*Centropus bengalensis*	国家Ⅱ级
草鸮科	草鸮	*Tyto capensis*	国家Ⅱ级
	长耳鸮	*Asio otus*	国家Ⅱ级
	短耳鸮	*Asio flammeus*	国家Ⅱ级
	领角鸮	*Otus bakkamoena*	国家Ⅱ级
鸨科	大鸨	*Otis tarda*	国家Ⅰ级
鹤科	白鹤	*Grus leucogeranus*	国家Ⅰ级
	白枕鹤	*Grus vipio*	国家Ⅱ级
	灰鹤	*Grus grus*	国家Ⅱ级
	白头鹤	*Grus monacha*	国家Ⅰ级
秧鸡科	花田鸡	*Coturnicops exquisitus*	国家Ⅱ级
	长脚秧鸡	*Crex crex*	国家Ⅱ级
	小杓鹬	*Numenius minutus*	国家Ⅱ级
	小青脚鹬	*Tringa guttifer*	国家Ⅱ级
鹰科	黑耳鸢	*Milvus lineatjus*	国家Ⅱ级
	黑冠鹃隼	*Aviceda leuphotes*	国家Ⅱ级
	鹰鸮	*Ninox scutulata*	国家Ⅱ级
	白尾海雕	*Haliaeetus albicilla*	国家Ⅰ级

（续）

鸟类保护名录

科名	中文名	拉丁名	保护级别
鹰科	白头鹞	*Circus aeruginosus*	国家Ⅱ级
	白尾鹞	*Circus cyaneus*	国家Ⅱ级
	白腹鹞	*Circus spilonotus*	国家Ⅱ级
	鹊鹞	*Circus melanoleucos*	国家Ⅱ级
	赤腹鹰	*Accipiter soloensis*	国家Ⅱ级
	雀鹰	*Accipiter nisus*	国家Ⅱ级
	苍鹰	*Accipiter gentilis*	国家Ⅱ级
	普通鵟	*Buteo buteo*	国家Ⅱ级
	乌雕	*Aquila clanga*	国家Ⅱ级
隼科	白腿小隼	*Microhierax melanoleucos*	国家Ⅱ级
	红隼	*Falco tinnunculus*	国家Ⅱ级
	红脚隼	*Falco vespertinus*	国家Ⅱ级
	阿穆尔隼	*Falco amurensis*	国家Ⅱ级
	燕隼	*Falco subbuteo*	国家Ⅱ级
	游隼	*Falco peregrinus*	国家Ⅱ级
䴙䴘科	角䴙䴘	*Podiceps auritus*	国家Ⅱ级
鹮科	白琵鹭	*Platalea leucorodia*	国家Ⅱ级
	黑脸琵鹭	*Platalea minor*	国家Ⅱ级
鹈鹕科	斑嘴鹈鹕	*Pelecanus philippensis*	国家Ⅱ级
鹳科	黑鹳	*Ciconia nigra*	国家Ⅰ级
	东方白鹳	*Ciconia boyciana*	国家Ⅰ级
雉科	白鹇	*Lophura nycthemera*	国家Ⅱ级

两栖类保护名录

隐鳃鲵科	大鲵	*Megalobatrachus davidianus*	国家Ⅱ级
蛙科	虎纹蛙	*Rana tigrina rugulosa*	国家Ⅱ级

鱼类保护名录

鲟科	中华鲟	*Acipenser sinenis* Gray	国家Ⅰ级
匙吻鲟科	白鲟	*Psephurus gladis*（Martens）	国家Ⅰ级

（续）

科名	中文名	拉丁名	保护级别
胭脂鱼科	胭脂鱼	*Myxocyprinus asiaticus*（Bleeker）	国家Ⅱ级
兽类保护名录			
喙豚科	白鱀豚	*Lipotes vexillifer*	国家Ⅰ级
鼠海豚科	江豚	*Neophocaena phocaenoides*	国家Ⅱ级
猴科	猕猴	*Macaca speciosa*	国家Ⅱ级
鼬科	水獭	*Lutra lutra*	国家Ⅱ级
猫科	云豹	*Neofelis nbulosa*	国家Ⅰ级
	金猫	*Felis temmincki*	国家Ⅱ级
鹿科	河麂	*Hydropotes inermis*	国家Ⅱ级
	麋鹿	*Elaphurus davidianus*	国家Ⅰ级

东洞庭湖湿地不仅是白鹤、东方白鹳等珍禽的重要越冬地和过境鸟类的停歇地和迁徙中转站，也是长江—洞庭湖洄游淡水鱼类的繁殖地。每年在保护区越冬水鸟的最高数量达10多万只，具有种类多、数量大、密集程度高等特点，是长江中下游流域最重要的水鸟越冬地之一，是国际濒危物种小白额雁东部种群的主要越冬地。小白额雁东部种群全球约3万只，在此繁殖越冬的数量约占总数量的60%~70%。在东洞庭湖湿地越冬的水鸟种类、数量以及变化规律显示出洞庭湖湿地生态系统的状况，是整个洞庭湖湿地生态系统重要的生物指示剂。

小白额雁群

3.2　东洞庭湖湿地功能

3.2.1　促进长江流域经济发展

洞庭湖是长江流域经济发展的热点地区之一。由于洞庭湖地处长江中游这一特殊的地理区位、区域资源的同构性、开发历史的同一性和社会文化的同源性，使得洞庭湖环湖经济成为武汉大经济圈的重要构成，并受到珠江三角洲和长江三角洲的双重辐射，在长江区域经济发展中起到"承东启西，联结南北"的重任，对推进长江流域经济尤其是中游经济的迅速崛起，具有十分重要的作用。特别是 2008 年国务院批准在中部地区选择武汉城市群和长株潭城市群作为两型社会建设试验区，对环洞庭湖区域的可持续发展战略的制定和应对更具挑战，是风险也是机遇。

同时，洞庭湖湿地自然资源的存在，为长江区域经济的发展，提供了丰富优质的原材料。"十五"期间，湖区年均 GDP 约为 1 200 多亿元，仅湿地植物和鱼类资源的经济价值即达 19.35 亿元 / 年，其中植物经济价值 6.15 亿元，鱼类经济价值 13.20 亿元。

3.2.2　维系长江流域防洪安全

洞庭湖与长江相连，水位的变化直接影响长江水情，洞庭湖调蓄长江洪水，削减洪峰的作用巨大。据 1951~2005 年水文资料统计，多年平均削减入湖最大流量达 33%。特别是大洪水时削减洪峰的作用明显，1998 年削减洪峰达 41.9%，1996、1998 年洪水期间洞庭湖调蓄水量达 250 亿立方米，超过三峡水库 221.5 亿立方米的防洪库容，对维护长江流域防洪安全具有不可替代的作用。

3.2.3　保障长江流域饮水安全

湿地植被在洞庭湖湿地水质净化中的作用是非常巨大的。由于洞庭湖自身水体交换频繁和湿地植被对水的净化，洞庭湖水质量基本保持在国家Ⅱ类水质水体。洞庭湖区水生植物的面积约为 4.93 万公顷，湖滩沼泽植被 45 万公顷,荻和芦苇的面积变动范围在 5.87 万 ~6.53 万公顷，为长江中下游提供了生产生活洁净的水源，保障了长江下游居民饮水安全。

3.2.4 提供安全的野生生物栖息环境

东洞庭湖是全球重要的迁徙候鸟的越冬地和洄游鱼类的产卵地、育肥场所。特有的生物种类有国际濒危的白鳍豚和全球 6 个江豚亚种之一的长江江豚的主要栖息地。小白额雁占全球越冬种群的 60% 以上，8 个国际濒危物种的绝对数量都超过了 5%。中国 10 种最珍稀、濒危和特有的动物如熊猫、华南虎、熊猫、麋鹿、扬子鳄、朱鹮、褐马鸡、白鱀豚、藏羚羊、黑颈鹤中，洞庭湖就占到 30%，分别是麋鹿、扬子鳄和白鱀豚 3 种。因此，洞庭湖湿地对全球的生物生存安全提供了栖息地和持续繁衍的保障。

3.2.5 其他生态服务功能

东洞庭湖湿地作为内陆湖泊性的湿地，具有湿地的大部分基本功能，尤其以生态服务功能表现明显（表 3-2）。

表 3-2 洞庭湖湿地生态服务功能

项目	类目	指标	指标内容
生态服务产品	生物产品	植物产品	植物造纸原料，木材、蔬食植物产品，食品原料产品
		动物产品	鱼类产品、虾类产品、软体动物类产品
	生态产品	放出 O_2	草甸植物放 O_2，水生植物放 O_2，木本植物放 O_2
		水分供应	居民用水，工业用水，农业用水
生态服务功能	调节水文	调节径流水位	调节湖江径流，调节洪枯水位
		调节蓄水量	调节汛期、平水期蓄水量，枯水期生态蓄水量
	净化水质	污染物沉积输出	泥沙沉积与输出，营养物贮留与输出
		移出与固定营养物	生物移出营养物，生物固定营养物
		移出与固定有毒物质	生物移出、固定有毒物，土壤和底泥固定有毒物

（续）

项目	类目	指标	指标内容
生态服务功能	维持生物多样性功能	维持功能	维持湿地生态系统、亚系统和生物群落结构、功能与生态过程，维持物种的多样性和基因多样性
		繁育	维持鱼的产卵场所，育肥场所
		庇护	保护珍稀濒危物种，提供迁徙鸟类栖息地
	调节大气	碳固定	植物固定 CO_2，土壤储存 CO_2，动物固定 CO_2
	营养循环	营养循环，营养贮存	氮、硫、钾、磷及矿质营养循环与储存，重金属元素储存
	能量转换	水能	水力电能和势能
		生物质能	化学能
	土壤保持	防浪护岸	防湖浪冲击土堤，保护堤岸河岸
		滞留泥沙	滞留泥沙，防止泥沙流失
		增加土地	湖床抬高，新洲土形成
	水运功能	水土运输	水上货运，水上客运
	旅游休闲	旅游休闲	生态旅游、郊外旅游，湿地公园游憩、休闲
	调节小气候	调节温湿度	调节气温，增加空气湿度，降低滨湖城市热岛强度
社会服务功能	文化教育	历史文化	古遗址，历史人文，纪念性园地
		科学普及	湿地公园湿地知识，生物考察研究
	社会就业	劳力就业	渔民就业，科技研究，自然保护区管理

　　洞庭湖的生态服务功能是最突出的功能。据湖南师范大学李娇博士研究，洞庭湖湿地生态服务功能价值的总量高达 142.16 亿元，其中直接利用价值 24.16 亿元，间接利用价值为 118.00 亿元。生态服务产

品和社会服务功能都是人类直接或间接利用资源的结果。生态服务功能最本质的内容就是洞庭湖湿地对人类的整体贡献，这个贡献中体现的恰恰是洞庭湖作为自然生态系统所具有的基本属性，也是认识、规划、管理和利用洞庭湖的基础。在直接产品功能受到人类的利用出现资源耗竭的情况下，全力保护好生态服务功能的稳定，挖掘其社会服务功能的多元价值，是东洞庭湖保护与发展的主要方向。

3.3　东洞庭湖湿地独特地位

3.3.1　中国湿地保护的起源地之一

东洞庭湖湿地是中国首批六大国际重要湿地之一，在中国湿地保护与发展的征程中，具有划时代的意义。

从 1994 年的中国首届湿地保护研讨会、1998 年的第六届东北亚及北太平洋地区环境论坛到 2007 年的湿地保护与可持续利用国际研讨会这三次具有里程碑意义的重要会议都在岳阳东洞庭湖召开，我国的《21 世纪中国湿地保护行动计划》是中国第一个关于湿地保护的宣言，《岳阳宣言》及《洞庭湖宣言》都是在这些会议上发布的，在这里号召全国乃至全世界生态工作者共同保护湿地，产生了深远影响，从而也奠定了东洞庭湖湿地在国际湿地保护领域的重要地位。

第六届东北亚及北太平洋地区环境论坛

《洞庭湖宣言》

湿地生物多样性保护主流化国际研讨会

2007 年 12 月 1~4 日，中国岳阳

我们，来自澳大利亚、喀麦隆、加拿大、中国、埃及、印度、墨西哥、巴基斯坦、南非、英国、美国等 11 个国家和联合国开发计划署、世界自然基金会、湿地国际等组织的 130 位代表，于 2007 年 12 月 1 日至 4 日相聚于岳阳、洞庭之滨，围绕湿地生物多样性保护主流化进行了深入探讨，达成广泛共识，共同发表《洞庭湖宣言》：

湿地保护主流化是一种理念、一种机制、一个过程。它要求我们运用生态系统方法，突破条块分割、政出多门的传统管理习惯，将湿地生物多样性保护纳入到相关部门和行业的议事日程，综合有效地协调其决策和行动，以实现湿地的保护与可持续利用。

湿地保护与可持续发展研讨会

会议期间，各国的湿地保护经验反复印证了主流化是确保湿地生物多样性保护和可持续利用的有效方法和措施。洞庭湖湿地兴盛与区域社会可持续发展的密切关系就是典型案例之一。昔日八百里洞庭，吞长江，纳四水，浩浩汤汤，为中国第一大淡水湖。是著名的鱼米之乡，鸟类和其他野生动植物的天堂，具有极为重要的生态、社会和文化价值。然而，由于自然因素和人类活动的影响，湖区人水争地，湿地萎缩，

水生生物资源锐减，使得洞庭湖湿地生态系统的服务功能受到了严重破坏，影响到了洞庭湖区乃至长江流域经济社会的可持续发展。

我们高兴地看到，中国各级政府和部门在国际社会的支持下，逐步推进洞庭湖湿地保护的主流化工作，将对其的保护列入到了洞庭湖区域、乃至长江中下游国民经济可持续发展的议事日程，并先后在洞庭湖区各部建立自然保护区，设立国际重要湿地、开展湿地恢复和保护以及大规模的退田还湖工程。此外，联合国开发计划署和全球环境基金支持的中国湿地生物多样性保护与可持续利用项目以及世界自然基金会支持的生命之河项目也积极参与和促进了洞庭湖湿地保护的主流化实践。通过努力，洞庭湖湿地生态系统的退化趋势得到了有效地遏制，一个生机勃勃、润泽四方的洞庭湖正逐渐展现在我们面前。

我们认识到：

湿地生态系统的多种功能和所提供的产品与服务是社会经济可持续发展的基础。她与陆地、海洋生态系统并列为全球三大生态系统，是连接海洋与陆地生态系统的纽带；湿地生态系统在全球碳循环中起着关键作用；同时，湿地又是地球上初级生产力最大的生态系统，是生物多样性最丰富、最密集之场所，为人类物质文明与精神文明建设的基础；湿地调蓄洪水、净化水源的功能不仅为我们提供水源，补充地下水，还时刻为我们抵御自然灾害（洪灾、旱灾与风暴潮等）等等。

因其非常重要的价值和效益，湿地是目前全球受破坏最严重、生物多样性受威胁最严重的生态系统，其主要原因是没有统一协调的、可持续利用的湿地利用机制。尽管《湿地公约》与《生物多样性公约》已签署多年，但是，不仅全球范围内的湿地生态系统退化趋势仍然没有得到根本性扭转，而且这种趋势还会因全球气候变化的影响而进一步加剧。

此外，湿地，尤其是泥炭地又是全球最重要的碳库。但若这类湿地遭受严重破坏，将成为全球最重要的温室气体来源。

我们呼吁：

国际社会、各国政府、各级湿地管理部门和机构应加大对湿地生态系统功能与服务的宣传、教育和研究的投入力度，让全社会认识到湿地生态系统在社会、经济可持续发展中的关键作用，使湿地保护与可持续利用原则充分体现在各层次的社会、经济发展政策和规划的制订与实施过程中，尽快扭转湿地退化的趋势，恢复湿地生态系统功能和服务，从而满足社会经济发展对湿地的需求，应对全球气候变化。

在全球层面上：

迫切需要将湿地保护纳入到全球环境与发展的磋商进程中去。①湿地公约秘书处应在联合国所有相关磋商中拥有官方席位；②湿地公约应将其与生物多样性公约的合作模式推广到与其他多边协议（联合国可持续发展委员会、联合国防止沙漠化公约、联合国迁徙物种公约、联合国气候变化框架公约等）的合作中；尤其是与联合国气候变化框架公约的合作，尽快认可湿地生态系统在二氧化碳减排和应对全球气候变化中的作用；

鉴于湿地生物多样化保护主流化的重要性，但《生物多样性公约》和《湿地公约》均没有相关的指南，我们建议：①联合国开发计划署为生物多样性公约和湿地公约起草湿地生物多样性保护主流化技术指南；②《湿地公约》第十次缔约方大会考虑通过湿地保护主流化的大会决议；

国际非政府组织应加大对湿地保护的投入，在湿地保护的各层次（全球、国家、地区和社区）推动其主流化进程。

在国家层面上：

近 20 年的经验充分表明了湿地生态系统的脆弱性，各国政府在湿地保护主流化过程中应采用谨慎利用原则原则；

在湿地保护主流化过程中应采用各种措施和机制，包括发展政策、立法、规划、财政与税收、经济激励和国际贸易政策以及能力建设、研究和技术开发等；

成功的湿地保护主流化过程需要公众的认可与理解。因此，我们恳请各国政府加大公众宣传力度，让公众正确认识湿地的价值。同时，积极的社区的参与是湿地保护主流化的关键，我们建议各国政府采用公开、透明方针，激励当地社区在湿地生物多样性保护中发挥更大的作用。

3.3.2　全球生物多样性热点地区之一

洞庭湖湿地位于世界自然基金会（WWF）确定的全球 200 个热点地区之一的长江中游生态区，是重要及最佳生态区。据科学考察，东洞庭湖独特的生态环境孕育了得天独厚的自然资源，物种具有古老独特、珍稀度高的特征。

洞庭湖处于北纬 30° 的全球生物多样性最丰富的黄金线上，物种非常丰富，是"水中大熊猫"之称的白鱀豚的模式标本产地，全球 70% 以上小白额雁东部种群在洞庭湖越冬。洞庭湖区域在东北亚鹤类迁徙网络、东亚雁鸭类迁徙网络和东亚—澳大利亚涉禽迁徙网络等区域物种保护网络中具有十分重要的地位，被誉为"拯救世界濒危物种的希望地"、"人与自然和谐相处的典范"。

3.3.3　全国生态保护的示范之一

洞庭湖是我国历史上最大的淡水湖和目前长江流域仅存的两大通江湖泊之一，作为我国首批六块国际重要湿地之一，和我国 51 个示范保护区成员，是我国湿地保护的典型代表。有专家曾讲，"鉴于洞庭湖在历史、地理、人文管理、权属等方面的因素，在中国解决好了洞庭湖湿地保护问题，其他地方的湿地保护问题都能迎刃而解"，这足以说明东洞庭湖湿地的典型性和代表性。

**东洞庭湖国家级自然保护区
核心区入口处**

第4章
东洞庭湖湿地保护与发展历史瓶颈分析

4.1　复杂的社区

在中国湿地类型保护区往往成立的时间比较晚，东洞庭湖自然保护区成立于1982年，成立时就面临着复杂的社区关系。同时，由于保护区面积大，涉及五县三区二十多个乡镇，社区人口众多，管理上存在点多线长面广的特点，加之人们已习惯于以往的生产和生活方式，保护工作又没有对社区公众任何补偿政策和转移政策，因此，保护区的成立和工作的开展不但在他们心中没有任何好处可得，反而影响和制约着他们的生产和生活行为。从而导致许多地区公众不理解保护区，不支持保护区，甚至在某些行为上有与保护区对抗的事情发生。

4.2　滞后的法律

自然保护区是国家自然资源保护和管理的最高形式，保护区通过依法执行有关的法律、法规，从而达到保护自然资源的目的。这些法律法规不仅包括我国各级人大制定颁布的，还包括我国加入的有关国际公约、协定等等。但是在现实生活中有着众多的法律法规并不等于拥有了完备的法律体系，在执行过程中仍会存在一些问题。最主要表现在以下几个方面。

4.2.1 自然资源保护法律缺乏协调性

目前的自然保护区法律、法规、政策等方面不能适应自然保护区的资源保护和可持续发展的需要，法律、法规很多，但制定的时间、背景不一致，制定的主管部门不一致，上下级不一致，缺乏专门型的法律和指导性的法律等等。

4.2.2 各单项法之间缺乏整体配合，导致部门利益冲突严重

各部门资源法是由相应的资源管理行政部门负责起草，负责起草的部门往往不能从全局考虑，而较多的考虑本部门、本系统的利益，从各自的管理角度制定法律法规。

东洞庭湖国家级保护区保护的资源是湿地资源和湿地野生动物。作为一个湿地类型的保护区，含有多种类型的自然资源，东洞庭湖湿地保护涉及的主要相关法律法规有:《中华人民共和国水法》、《中华人民共和国野生动物保护法》、《中华人民共和国渔业法》、《中华人民共和国自然保护区条例》、《森林和野生动物类型自然保护区管理办法》、《水生动植物自然保护区管理办法》等。根据这些法的规定，基本上是一类资源形成一个管理部门，水利部门负责湖泊水位的调控，渔业部门负责鱼类资源的开发利用及渔政管理，林业部门虽然牵头湿地保护区工作，但只能对鸟类、野生动物进行管理和保护。各个行政主管部门从各自职责和利益出发，形不成管理合力，甚至部门利益至上，严重影响了对湿地资源的统一保护和科学开发利用，干扰和破坏了珍稀动植物，特别是鸟类的栖息环境。

4.2.3 自然保护区法律法规层次较低，与自然保护区保护工作的重要地位不相符

在保护区现行专门的立法中，法律效力层级最高的是《中华人民共和国自然保护区条例》和《森林与野生动物自然保护区管理办法》，二者属于行政法规层级。自然保护区作为维护生态系统的组成部分，其重要性日益突出，但行政法规的效力等级与自然保护区的重要地位明显不符，当该条例与有关法律发生冲突时，无法为自然保护区提供有利的保护。

4.2.4 自然保护区没有行政执法权

自然保护保护区没有行政执法权,必须要通过林业行政机关的授权后,才能对在保护区内的偷、猎、毒、侵占和破坏湿地等各类违法活动进行处罚。

4.3 交叉的管理

中国人与生物圈国家委员会韩念勇等对全国自然保护区现状的调查数字表明,大多数把影响保护效果的主要原因归类于保护区管理体制方面的问题。可见,现行的自然保护区管理体制是制约我国自然保护区健康发展的关键问题。同样东洞庭湖自然保护区在保护管理上面临着由于管理体制的不顺而带来的一些问题和压力,主要表现在以下几个方面。

4.3.1 多头管理、机制不顺引发矛盾

洞庭湖湿地的保护管理、开发利用牵涉面广,特别是在湿地的利用上,各部门多头管理的现象特别严重。从地域上,洞庭湖分属常德、益阳、岳阳三个不同的行政区划;从部门管理上,仅收费而言,洞庭湖有水利、航运、渔业、水上运政、水上公安、旅游等29个部门,条块分割,多头管理,管理职能交叉,各行其是,矛盾较为突出。

4.3.2 权属利益与管理目标的冲突

一是由于保护区周边社区群众对湿地资源的利用有历史沿革性和客观要求性,洞庭湖物种资源相当丰富,仅鱼类就记录到117种,鸟类338种,但由于多年来湖区非法和过度捕捞、非法狩猎、杨树和芦苇无序种植等,对湿地资源造成了严重影响。

二是在管理权限方面,1990年岳阳市人民政府虽然给保护区核发了"山林权属证书",但权属涉及行政县区多,划地定权无法统一,保护区只有管理权,没有土地所有权,权属没有真正落实。在老百姓眼中仅仅是"管鸟"的部门,在执行自然保护区条例、野生动物保护法等国家和地方有关法律法规时感觉阻力重重。就是对于保护区的土地利用都由当地(乡、镇)政府来决定,保护区只能进行"指导和劝说"。

4.4　落后的科研

科研是保护区的灵魂，保护区在科研监测能力尤其是硬件能力建设方面，仍处于极其薄弱的环节，目前保护区的科研监测设备仅仅只有单、双筒望远镜和 GPS，并且设备的数量远远不能满足工作需要；保护区历年来的基础科研工作不完整，目前所能独立完成的也仅仅只是对鸟类的

救护的国家一级保护鸟类黑鹳

野外识别监测，对于其他物种多样性监测，如鱼类、东方田鼠、江豚、植被的监测保护区还不能单独胜任基础性的科研工作。对湿地资源的监测资料数据没有形成系统化，不足以为东洞庭湖的生物多样性保护提供基础性支持。

在科学研究上，更没有跟上管理的步伐，由于科研与管理脱节，导致许多需要研究的课题没有开展，如"山峡截流后对洞庭湖湿地的影响"、"洞庭湖湿地的固碳能量"等等都仅仅停留在简单的监测阶段。

4.5　薄弱的基础

4.5.1　薄弱的经济基础

自然保护区的经费政策是保护区建设与管理的关键问题之一，一直困扰着保护区的建设与管理，并在一定程度上影响了保护区的生存与发展。东洞庭湖自然保护区的主要资金来源，一是岳阳市财政拨款，二是申报国家湿地项目。财政拨款所安排的资金主要是人员经费和公用经费（建立国家级保护区前 10 年年均公用经费为 4.4 万元，2012 年公用经费为 32 万元左右，每月公用经费仅 2.5 万元左右），保护区的管

辖范围有 19 万公顷，除了局机关还有 4 个站在封闭管理、巡护执法、科研监测、宣传教育、专项打击、远程监控等方面开展工作，保护区每年在宣传教育、巡护管理、资源恢复等方面的费用达 150 万元左右，行政事业经费严重不足。保护区目前依赖于通过项目谋发展，一些工作的开展和保护区的建设、管理借助于项目的实施得到发展、壮大和完善。一旦没有项目的支撑和充足的经费，就会导致保护区的基础设施和设备不能正常维护和维修，日常管护、科普宣传、科研监测等工作就难以有序、顺利地开展，严重影响了保护区的进一步发展。

4.5.2 薄弱的人才基础

自然保护区是一个专业性要求较高的行业职能部门，因此对于从事保护区工作的工作人员就有较高的专业要求，必须具备有一定的自然保护区建设与管理、野生动植物学、生态学、环境保护、旅游管理等方面的知识。

目前在东洞庭湖自然保护区工作的人员，获得林业工程专业中高级职称的有 13 人，占 31.7%，初级职称的有 9 人占到 22%，保护区真正从自然保护区管理专业毕业的大学生没有一个，虽然大多工作人员具有大专及本科学历文凭。但是，由于这些学历的专业背景不仅多数是通过成人在职

工作人员为鸟类环志

教育获得的，而且多数的专业都不是与自然保护区管理或者野生动物直接相关，多数是法律、文秘或者行政管理等，不能很好地在野外巡护监测、科研研究、对外交流合作等方面开展工作。同时由于保护区没有人事权，且受编制的限制，加上工作生活条件较艰苦，待遇较低，再加上国家对保护区人才政策没有倾斜，保护区很难吸收和留住优秀的专业人才，出现高学历人员不愿进、低学历人员编办不给进的境地，

从而影响了保护区管理、科研等方面工作的正常开展。

4.5.3　薄弱的管理基础

　　对东洞庭湖湿地的保护所面临的管理难题，除了资金的困局外，保护区还面临着管理编制人员和保护区站点的严重不足。作为国家级自然保护区以及 1 900 平方公里管理面积的需要，保护区的人员配备至少要在 190 人左右，但保护区目前只有 41 人的编制（2008 年前保护区只有 31 人编制），30% 都不到，

保护区工作人员在野外巡护

使得保护区的工作人手严重不足。保护区现只有 4 个站点，而按国家要求必须建设 12 个站点（2015 年）。站点建设不到位，使得对于保护区的监管不能覆盖到全区域，直接导致保护区难以对其所辖区内的保护对象进行有效保护管理和监测。

4.5.4　薄弱的硬件基础

　　近年来，虽然国家重视湿地保护区的建设和发展，但由于自然保护区所在地经济较落后，地方投入自然保护区的基础设施经费和管理经费都较少，基础设施不能适应工作的需要，无法满足管理工作需要。作为国家级自然保护区，管理局目前还没有办公及科研大楼，只有简陋的办公场地，在巡护监测工作中缺少巡护交通工具，巡护人员只能徒步进行巡护管护工作，开展科研工作由于没有科研监测设备和生物多样性研究设备，使得一些监测、救护工作不能很好开展，恶劣的工作和生活条件也在一定程度上影响了保护区人员工作的积极性。

建于 20 世纪 90 年代的旧管理站

4.6 突出的矛盾

4.6.1 严格保护与快速发展的矛盾

当前，是经济全球化时代，保护区同样正面临着社会经济高速发展与保护区资源要抢救性保护的双重压力，主要体现在保护与发展的矛盾，地方政府对湿地保护工作不理解，有的甚至不支持，给湿地保护工作带来了难度。

4.6.1.1 资源的利用和保护的矛盾

随着社会和科技的不断进步，且在市场经济的推动下，洞庭湖资源已越来越多地被开发、利用。人们在获得一定经济利益的同时，湖区资源的价值和意义也被大家所认知。但不容忽视的是东洞庭湖资源的利用和保护还存在一系列问题。

资源的利用和保护缺乏系统地规划和指导。2010 年 5 月，岳阳县矿产局在岳阳晚报上刊登《东洞庭湖砂石资源采矿权出让公告》，拟公开拍卖东洞庭湖砂石开采权，拍卖底价为 1 亿元。保护区闻悉后，第一时间与岳阳县政府和县矿产局取得联系，在交换了有关法律和政策意见的基础上，提出了坚决反对在保护区内无规划的、随意开采砂石的看法。随后，岳阳县矿产局被迫终止了砂石拍卖会。湖区经济的发展，有相当部分是依赖洞庭湖的资源，如沙石、芦苇是地方政府的支柱产业，但湿地保护限制了地方对资源利用的程度。

资源的利用率低，浪费现象严重。以东洞庭湖水资源为例，东洞庭湖水资源丰沛，多年年均过湖水量为 3 126 亿立方米，约占长江多年平均入海径流量的 1/3，然而在洪丰季节，由于围湖造田等

干旱的洞庭湖

原因造成的湿地面积大量消失、蓄水能力明显下降导致东洞庭湖丧失了拥有大量水资源的能力。同时，每年旱季的到来，湖区严重缺水，如果用河外取用水量和来水量（以河川径流量的多年平均值表示）的比值表示水资源利用率，则目前东洞庭湖水资源的利用率不足 20%。

　　资源的掠夺式利用，围垦造田现象突出。东洞庭湖总面积 1 650 平方公里，占洞庭湖面积的 60% 以上，较以前有了很大的变化。东洞庭湖湿地空间也发生了缩节，水体泥沙滩地减少 106 平方公里，减少了 20.1%，防护林滩地减少 6 平方公里，减少了 54.5%，而草滩地、芦苇滩地面积都有不同程度增加。值得一提的是，近年来杨树的栽

湿地内过度放牧现象

植面积达 20 多万公顷，其中湖滩种植达 7 万公顷，占湿地保护区总面积的 15.8%。东洞庭湖被大规模围垦，加剧了湖区生态环境的恶化，由于湖容减小，严重降低了湖区的调蓄抗灾功能，以致汛期渍涝灾害频繁，1998 年的洪涝灾害就跟这些情况有一定的关系。近些年来，在东洞庭湖区周边湖州洲滩上进行的杨树种植、芦苇扩种、蔬菜种植和牛羊放牧等造成低湖田土壤环境恶化，效益下降。此外，水禽赖以生存的芦苇地环境也将遭到破坏，使得水生动、植物种类发生变化，有些种群几乎绝迹。

4.6.1.2　经济发展与湿地保护的矛盾

　　当前，由于众多地方政府过分注重当地经济建设，对自然保护区的发展采用 GDP 考核方式，从而加剧了对保护区生态环境和资源的破坏，这不仅使原有的洞庭风貌荡然无存，而且严重影响到了该地区动、植物的生长环境。

　　2006 年，东洞庭湖遭受严重的旱灾之后，便盛行在湖区洲滩上大

面积种植杨树。杨树属于经济型树木，凭借其生长周期短、适应性强、经济效益高等特性受到地方政府、部门和企业的青睐。为了追求短期经济效益，旱灾过后杨树的扩种开始由垸内转向垸外，从沿岸向洞庭湖深处扩张，大量的洲滩、荒地被承包给他人种植杨树，甚至连保护区的核心区域也难逃厄运。目前，在岳阳东洞庭湖水域团洲、北湖等地，杨树已向洞庭湖深处"挺进" 1 200 米以上。有关专家称，在湖区大面积种植杨树存在很大的生态风险，物种的单一性将改变原野生生物的生长环境，抑制野生生物的生长和栖息，打破洞庭湖生态平衡。同时，由于杨树的种植范围大面积地向湖区深处推进，湖水水流速度变缓，不但严重阻碍行洪，而且使得泥沙淤积程度加快。

湿地内种植的杨树

虽然东洞庭湖国家级自然保护区自 1982 年成立以来，有力地推动了东洞庭湖湿地保护工作进程，并取得了一定成效，但是也在一定程度上阻碍了当地经济的发展。当地政府在引进项目过程中，由于保护区的存在，会受到诸多因素的限制，这势必影响到了地方经济的发展。又如在 2006 年，岳阳县拟引进陶瓷生产企业，保护区签署反对意见被搁浅；2008 年，君山区拟引进水产养殖企业，由于担心外来物种影响，保护区提出反对意见，该项目被迫淘汰。为保护洞庭湖生态而使一些企业被拒之门外，给当地政府带来的一定的经济损失，从而导致一些部门和领导不理解、不支持，使得湿地保护的工作难度加大。

4.6.2 人鸟争食的矛盾

4.6.2.1 人鸟争食的原因

东洞庭湖国家级自然保护区鸟类种群繁多，总面积约为 19 万公顷的保护区，每年就有数百万计鸟类来此停歇和越冬。保护区内记录到的鸟类有 338 种，其中一级保护鸟类 7 种，二级保护鸟类 38 种。世界濒危物种小白额雁在东洞庭湖有全球 60% 以上的种群，近年来种群上升趋势明显。保护区周边居住的人口众多，总数高达 510.35 万人，其中非农人口 94.71 万人，占比重的 18.56%。加之，湖区居民长期以来养成的"靠湖吃湖"、"靠水吃水"的习惯，且生态补偿机制迟迟没有建立，导致在这种鸟类繁多和人口分布密集地很容易发生人鸟争食、人鸟争地现象。

4.6.2.2　人鸟争食的状况

近年来，受全球气候变化和人类生活、生产方式的影响，鸟类特别是雁类和鹤类的栖息地和觅食地受到威胁，致使在隆冬季节到来之时，在东洞庭湖区栖息的鸟类进入到人类的生活、生产区觅食，对当地农作物，如冬小麦、油菜、豌豆等带来了一定损害，给当地社

在农田里取食的鸟类

区群众造成了一定的经济损失。由于当地政府还没有出台相应的补偿措施，这就影响了社区群众保护湿地、爱护鸟类的积极性，给社会留下了不稳定因素，对资源保护尤其是鸟类保护带来了难度。

4.6.2.3　人鸟争食可能造成的损失

随着社会的发展，湖区人鸟争食现象日益突出。就东洞庭湖而言，每年冬季，有大约十万余只鸟类来到东洞庭湖越冬，其中部分水禽来到周围农田取食庄稼致使农作物大面积减产，居民蒙受巨大经济损失。然而，政府的补偿资金没有到位，人鸟争食的矛盾逐渐激化。但是，目前对于东洞庭湖区农作物因鸟类问题而遭受的损失，由于保护区人力、物力有限未能做系统地调查，其损失的经济价值未能定量化。根据云南拉市海的一份有关人鸟争食的调查报告，我们可以得知鸟类对湖区农业生态系统的破坏以及对湖区经济造成的损失是很大的。拉市

海地方政府对当地 7 种农作物进行了抽样调查，结果显示，鸟类对这 7 种农作物造成的经济损失高达 143.7 万元。受损最严重的分别是小麦，受损面积为 212.28 公顷，损失金额为 118.45 万元；其次为蚕豆，受损面积为 29.56 公顷，损失金额为 17.74 万元；居第三的是油菜，受损面积为 7.03 公顷，损失金额为 3.16 万元。

4.6.3　大范围与小权属的矛盾

4.6.3.1　范围与权属概念

东洞庭湖自然保护区地处湖南省东北部，位于长江中游荆江段南侧，南集"四水"，北调长江，总面积达 19 万公顷，其中核心区 2.9 万公顷，缓冲区 3.64 万公顷，实验区 12.46 万公顷。它是长江中下游湿地自然保护区面积最大的保护区，也是亚洲面积最大、功能齐全的内陆湿地保护区。

权属是指权利（力）在主体上的归属状态。湿地权属是指湿地权利（力）在主体上的归属状态。湿地权属分为两类：一是具有民事法律关系性质的湿地资源物权权属。涉及湿地资源归谁占有、使用、收益与处分的问题，包括湿地资源所有权权属和湿地资源用益物权权属。二是具有行政法律关系性质的湿地管理权属。涉及湿地及湿地行为（包括湿地法律行为和湿地事实行为）归谁管理的问题。

4.6.3.2　权属的现状

东洞庭湖自然保护区范围广阔，但是由于保护区缺乏相应的东洞庭湖湿地的权属，对湿地资源的管理也仅限于对鸟类和湿地兽类的管理，被社区戏称为是"管鸟"的部门。

从法律层面来讲，东洞庭湖湿地所有权是属于国家所有的，这一点是十分清晰的。但是，从东洞庭湖湿地国家所有权的具体实施来讲，东洞庭湖湿地所有权属的行使却是十分模糊而混乱的。受利益驱使，各县、市、区政府依据地域管辖权，竞相争取对东洞庭湖湿地资源的管理权，致使东洞庭湖湿地的管理权被多个地方和部门割裂开来，不利于保护区将来保护工作的开展。就目前保护区状况而言，基于管理

权限的限制，我们仅对鸟类和兽
类有一定的管理权限，而对保护
区湿地的其他资源，包括河流、
林木、土地等资源保护只能是望
尘莫及。这种权限的划分极不合
理，且在实际操作过程中，难度
很大。东管局成了专管打鸟的机
构，在封闭管理阶段，东管局无
法正常开展保护工作，对于一些
违法的影响鸟类栖息的非法经营

由于没有权属，保护区对核心区内割草
的人员无法进行管理

活动无权管理，甚至连捕鱼、猎鸟、放牧现象也无权管理。

4.6.3.3　权属的意义

　　卡贝基说："一项资源的产权意味着对该资源的控制权，这样的控
制权对资源的市场交易具有关键意义，当产权不能合理界定，不具有
排他性或没有法律保护时就会产生市场失灵的问题，最终造成资源的
过度开发和破坏。比如，在保护区某条河流边上开的一家造纸厂有明
确的产权归属，而这条河并没有明确的管理权归属，或是多个部门和
单位共管的形式。那么当造纸厂将污水排入这条河后，河里的鱼就无
法生存。由于这条河没有明确管理权属，那么各部门或单位就会对这
条河的现状漠不关心。因此，造纸厂将不承担污染河流导致的经济成
本（这里暂时不考虑环境成本）。但河里没有了鱼，实实在在地就是保
护区生物资源的损失。

　　东洞庭湖国家级自然保护区在保护与发展中正面临着尴尬问题：范
围过大、资源众多、任务繁重，但相对应的权限过小。尤其是，保护
区资源权利人的不明确，各相关政府部门的权力和责任的不明确给保
护工作的开展增加了难度。如果权属问题不能根本解决，东洞庭湖保
护区滥捕、猎鸟等违法活动不可能得到有效遏制，东洞庭湖湿地的保
护措施也很难落到位，从而势必严重影响东洞庭湖湿地生态和经济功
能的发挥。

4.6.4 全国示范单位与全市弱势单位的矛盾

东洞庭湖国家级自然保护区 2009 年被国家林业局列为全国示范保护区，成为全国 51 个示范保护区之一。虽然东洞庭湖保护区在国际、国内有一定的影响力，但是在地方来讲，保护区还是一个弱势单位。

4.6.4.1 在行政级别上要比别的行业低

首先，东洞庭湖自然保护区的主管部门是东洞庭湖国家级自然保护区管理局，从行政级别来讲，它属于副处级单位，级别低，其综合协调能力十分有限，很难将综合统一管理落到实处。其次，在首批加入国际重要湿地的七个自然保护区中，仅仅只有东洞庭湖国家级自然保护区管理局是副处级单位，这在国家级别的自然保护区中也是少见的。最后，东洞庭湖国家级自然保护区管理局是事业单位，在自然保护区的管理上处于弱势，没有行政权力，在实际工作中属于"万事都求人"的单位，不利于湿地资源的保护和湿地生态监管。

4.6.4.2 在法律保障上要比别的行业弱

东洞庭湖自然保护区由于缺乏国家层面的针对性的法律法规，使得相关部门间的合作机制不畅，相关部门的职责权限无法得到法律法规的保障。

自然保护区的法律法规层次低。自然保护区的立法一直以来都受到广大社会的关注，但进展不尽如人意。从现有法律条文与实施情况来看，我国自然保护区的法律性质并不明确，受到多方因素制约，如管理体制的制约、行政区域管理的制约等，自然保护区立法工作难度大，导致法规依据不足。即便是有法律法规，法规的层次也较低，不足以引起人们的关注。

自然保护区的法律法规不明确。当前有关自然保护区资源保护的法律法规都散见于多部综合性的法律法规之中，很少有专门的针对性强的法律法规出台。比如，谈及相关湿地保护的法律中，"湿地"一词也很少出现，它仅包含在水体、沼泽、土地等用语中。目前只有《中华人民共和国自然保护区条例》将"湿地"一词直接作为法律用语，但并未对湿地的概念和外延做明确界定。

4.6.4.3 在投入上要比别的行业少

东洞庭湖湿地保护工作经费仅在市级有限的财力中解决，未列入省级财政预算，造成湿地保护经费严重不足。目前，保护区处在依靠国家项目谋发展的阶段，一旦没有项目，保护区的发展及其湿地保护工作将会受到严重影响。财政每年预算给东洞庭湖保护区的公用经费只有 30 万元，每月仅 2.5 万元。除局机关开支外，还有下属 4 个管理站（按保护区总体规划，至 2015 年需增加至 10 个管理站），管辖区域达 19 万公顷，需要有用于开展巡护管理、行政执法、科研监测、封闭管理、宣传教育、办公、接待、车辆维修及专项打击、调查和救护等方面的费用，经费明显不足。与此同时，东洞庭湖保护区面积达 1 900 平方公里，按国家有关要求应配备 190 人，但目前仅有在编人员 41 人，力量远远不够。

4.7 衍生出的主要问题

4.7.1 有品牌无品质

洞庭湖因曾是我国第一大淡水湖，因"岳阳天下楼，洞庭天下水"等名句而闻名遐迩，形成了当之无愧的品牌。然而，洞庭湖也因为社会发展的需要，从历史上以航运功能为主的交通型湖泊，到以"鱼米之乡"著称的生产型湖泊，再到被大肆围垦的萎缩性湖泊，因人类过度的生产性活动已使洞庭湖的生态遭受了严重破坏，其生态服务功能下降十分明显，洞庭湖品牌正在遭受因生态问题带来的威胁。随着国际国内对生态的进一步重视，东洞庭湖湿地于 1992 年加入国际湿地公约，成为中国首批六块国际重要湿地，1994 年又升格为国家级保护区，2006 年评为全国示范保护区，2007 年岳阳市被评中国野生动物保护协会授予"中国观鸟之都"，然而，这些国内国际品牌都还有待加强。

4.7.2 有管理无秩序

洞庭湖分属常德、益阳、岳阳三个不同的行政区划，同时管理方面涉及水利、渔业、农业、海事、国土、林业、旅游等 26 个部门，其中有 9 个部门对洞庭湖的管理极为紧密，被称之为"九龙治水"，但九龙同属同级单位，都有相关法律支撑，从而又现"群龙无首"，相互之间在管理与执法上各自为政，形成了管理中职能交叉，多头管理的无序现象，严重阻碍了湿地保护工作的开展。

4.7.3 有法规无法治

一是法律保障不力。对湿地保护而言，国家没有出台专门性的法规，目前在国家层面仅有《中华人民共和国自然保护区条例》，省层面仅有《湖南省湿地保护条例》。而且对湿地的侵占与破坏，以及侵占和破坏的程度，国家没有统一的执法标准。就法律责任而言，也是"限期恢复原状或者采取其他补救措施"（《中华人民共和国自然保护区条例》三十五条）或"责令改正"（《湖南省湿地保护条例》第二十七条）等措施，没有强有力的强制性措施。

二是法规涉及面不广。在湿地保护中出现的新问题，如鸟类损害农作物的赔偿等，在法律法规中没有明确。只是在《中华人民共和国野生动物保护法》第十四条规定，因保护国家和地方重点野生动物，造成农作物或者其他损失的，由当地政府给予补偿。补偿办法由省、自治区、直辖市政府制定。

三是部门间法规交叉严重。洞庭湖 26 个管理部门，各有各的法律法规，相互之间交叉和相抵触的现象十分严重，直接导致有法规却无法可依的现象。

第5章
东洞庭湖湿地保护与发展措施

5.1 如何确权，封闭管理是一条有效途径

　　东洞庭湖国家级自然保护区所辖面积 19 万公顷，点多面广线长，同时由于管理部门多、职能交叉严重、没有土地权属等问题，保护管理和执法难度大，湿地破坏打击力度不够。针对这种情况，保护区提出了核心区的重点区域实施封闭管理的措施。

　　在保护区的推动下，2001 年岳阳市人大四届二十三次会议通过了决议，将大小西湖 2 000 公顷区域划为封闭管理区，明确由东洞庭湖自然保护区实行封闭管理，在封闭区内禁止一切生产活动。2005 年 11 月 24 日《岳阳市人民政府第 42 次常务会议纪要》确定大小西湖及壕沟 30 000 余亩为封闭管理区，并由保护区进行管理。同年 12 月 31 日湖南省政府《关于调整东洞庭湖核心保护区管理权属有关问题的会议纪要》，明确指示将大小西湖及壕沟的管理权属交付给东洞庭湖自然保护区，并由省相关厅局支付 300 余万元补偿资金，2006 年 4 月 6 日岳阳市人民政府出台了《关于洞庭湖核心保护区大小西湖及壕沟实施封闭管理办法的通告》。在岳阳市政府和上级部门

封闭管理区标识

的关心支持下，经过长达 5 年的时间，保护区与当地政府、相关部门和社区通过多次的协商、协调，大小西湖的权属问题、渔民的替代生计、补偿资金等问题最终得到了妥善解决。大小西湖核心区的封闭管理，是保护区推动地方政府重视湿地保护并制订保护政策的成功案例，为我国目前湿地保护核心区的管理提供了一个可借鉴的湿地管理模式。

在大小西湖成功实行封闭管理，并取得显著保护成效的基础上，保护区又着手推动丁字堤生境改造工程的封闭管理工作。通过市人代表向市政府提建议，市人大常委会组织现场考察，并将丁字堤封闭管理确定为市人大 2012 年重点督办案之一等措施，为该区域实施封闭管理奠定了良好的基础。

封闭管理是保护区明确自身管理权的一项重要举措。通过政府通告的形式，进一步确立了保护区在封闭管理区的地位、权利和责任，明确了保护区在封闭管理区内开展湿地保护工作的主导地位。

大小西湖明确为封闭管理区后，保护区工作人员要根据相关要求拆除渔棚

2014 年 12 月大西湖越冬鸟群

2014 年 12 月 20 日，大西湖记录到的鸟类新分布种——卷羽鹈鹕

岳阳市人民政府关于东洞庭湖核心保护区
大小西湖及壕沟实施封闭管理的通告

（岳政告〔2006〕5 号）

为切实加强东洞庭湖核心保护区大、小西湖及壕沟湿地资源和生态环境的保护管理，确保湿地资源可持续发展，现就东洞庭湖核心保护区大小西湖及壕沟实施封闭管理通告如下：

一、封闭管理区范围。东至建新农场大丁字堤，西至小西湖杨树林，北至采桑湖防洪大堤，南至大小西湖围垸矮堤，包括大小西湖及壕沟在内的所有水域、洲滩。

二、未经东洞庭湖国家级自然保护区管理局批准，任何单位和个人不得进入封闭管理区。

三、每年 10 月 1 日至翌年 4 月 30 日，禁止机动车辆进入封闭管理区。因特殊情况需要，需经东洞庭湖国家级自然保护区管理局同意，发给车辆通行证后方可进入封闭管理区。

四、封闭管理区内禁止狩猎、捕鱼、挖沙、采蒿、植树、割柳、打草、采伐等一切生产经营活动。

五、严禁在封闭管理区内进行基本建设，包括开沟、围垦和取土等。

六、严禁向封闭管理区内排放、倾倒污染物品。

七、未经东洞庭湖国家级自然保护区管理局批准，禁止船只进入封闭管理区或在封闭管理区内停泊。

八、进入封闭管理区科学考察和摄影的人员，必须遵守保护区有关规定，在保护区划定的警戒线内活动。封闭管理区内禁止采集标本，特殊情况需要采集的，由采集标本的单位向东洞庭湖国家级自然保护区管理局申请，按程序报批。

九、凡违反本通告规定的单位或个人，由有关部门依法查处，情节严重，构成犯罪的，移送司法机关依法追究刑事责任。

十、本通告自发布之日起施行。

岳阳市人民政府

二〇〇六年五月十二日

5.2 如何推动主流化，品牌建设是一种有效办法

进入 21 世纪，应对气候变化和环境恶化，不仅是国际社会的焦点，也是中国经济社会实现"又快又好"向"又好又快"转变，加强生态建设主导地位，全面落实科学发展观的迫切要求。而实现这个目标，就需要全面提高广大社会公众的生态保护与参与意识，推进政府科学决策并使生态保护主流化。正是基于这样的时代背景，在岳阳市委市政府高度重视，国家林业局、中国野生动物保护协会、湖南省林业厅、世界自然基金会（WWF）及观鸟网的鼎力支持和社会各界广泛参与下，东洞庭湖国家级自然保护区精心打造出了知名的生态品牌——中国（洞庭湖）国际观鸟节。

2009 年第六届洞庭湖国际观鸟节开幕式现场

洞庭湖观鸟节，从保护区推动市政府主办到市长亲自批示将观鸟节作为政府常规节庆，从省林业厅与市政府联合主办，到第七届拟由国家林业局与湖南省人民政府联合主办，观鸟节的这种跨越，不仅仅是主办权的跨越，而且是湿地保护主流化的跨越，是将观鸟节作为我国湿地生态保护标志和形象的跨越。观鸟节上，岳阳市市鸟评选、湖南省省鸟宣布等活动的开展，为湿地保护主流化搭建了舞台。

湖南省副省长（时任岳阳市委书记）黄兰香
在 2012 年洞庭湖国际观鸟节上致辞

连续几届观鸟节，联合国全球环境基金（GEF）等国际

观鸟节参赛队伍

外国使节在观鸟节上

援助项目，世界自然基金会（WWF）等国际组织全程参与，洞庭湖观鸟节以国际视野，搭建了地方政府走向世界的桥梁。

中央电视台著名节目主持人赵忠祥在观鸟节上被聘为洞庭湖湿地保护大使

七届观鸟节，累计参与的外地嘉宾、媒体、参赛队员近 40 000 人，140 余支来自不同国家和地区的参赛队参加了比赛，参赛队员达到 560 余人次，30 000 余人次进行观摩，30 000 余人次参加了开幕式，市民投票接近 20 000 张，50 余家媒体报道及转载达 1 500 余篇（次）。正是这种社会公众参与的广度，为观鸟节推动湿地保护主流化凝聚了力量和社会影响。

现在的洞庭湖观鸟节，除核心的观鸟赛之外，还增加了生态理论盛会——岳阳论坛。2006 年举办的"以湿地保护与可持续发展"为主题的"岳阳论坛"，来自中国科学院、世界自然基金会、联合国全球环境基金等国内外知名专家、学者围绕湿地保护进行了广泛而深入的交流；2007 年，来自五大洲 14 个国家 120 多人参与了湿地保护与可持续利用国际研讨会——第二届"岳阳论坛"，会上发表了湿地保护主流化的《洞庭湖宣言》，这是世界湿地保护史上的一座里程碑。

岳阳论坛的举办，不仅丰富了观鸟节的内容，提高了生态保护的科学高度，同时也增加了观鸟节的厚重力，开创了多部门协同参与洞庭湖湿地保护的新局面，为观鸟节推动湿地保护主流化开辟了新领域。

历届观鸟节回顾：

◎第一届洞庭湖观鸟大赛

时　　　间：2002 年 12 月 5~8 日

开幕式地点：岳阳楼

主　　　题：保护生态环境，共建
　　　　　　　新世纪家园

参 赛 队 伍：12 支

记 录 鸟 种：165 种

◎第二届洞庭湖观鸟大赛

时　　　间：2003 年 12 月 5~7 日

开幕式地点：岳阳市君山公园

主　　　题：人鸟相依，梦圆洞庭

参 赛 队 伍：17 支

记 录 鸟 种：149 种

◎第三届洞庭湖观鸟大赛

时　　　间：2004 年 12 月 3~5 日

开幕式地点：岳阳市体育馆

主　　　题：飞翔的洞庭

参 赛 队 伍：23 支

记 录 鸟 种：151 种

◎第四届洞庭湖国际观鸟节

时　　　间：2006 年 12 月 1~3 日

开幕式地点：岳阳市体育馆

主　　　题：人鸟相依，和谐崛起

参 赛 队 伍：38 支

2002 年首届洞庭湖观鸟大赛

来自各地的观鸟队

参赛队员

记 录 鸟 种：190 种

◎第五届洞庭湖国际观鸟节

时　　　间：2007 年 11 月 30 日 ~
　　　　　　12 月 5 日

开幕式地点：岳阳市体育馆

主　　　题：保护洞庭湿地，共建
　　　　　　和谐家园

参 赛 队 伍：25 支

记 录 鸟 种：184 种

观鸟赛亲子队

◎第六届洞庭湖国际观鸟节

时　　　间：2009 年 12 月 11~13 日

开幕式地点：东洞庭湖保护区采桑
　　　　　　湖管理站

主　　　题：建设生态文明，我们
　　　　　　在行动

参 赛 队 伍：31 支

记 录 鸟 种：164 种

观鸟赛现场

◎第七届洞庭湖观鸟大赛

时　　　间：2012 年 12 月 7~9 日

开幕式地点：岳阳市国际艺术会展
　　　　　　中心

主　　　题：让鸟儿自由飞翔

参 赛 队 伍：30 支

记 录 鸟 种：177 种

观鸟赛小队员

来自美国 Ding Darling、Santa Ana
保护区的观鸟队

观鸟节英国评委理查德先生

冬季到洞庭来观鸟

2007 年 1 月 24 日
中国绿色时报 舸昊

艺术家们用葫芦丝奏出黄鹂的婉转歌声、用芭蕾舞步模仿天鹅的妙曼身姿，激发起观众的强烈共鸣；著名电视节目主持人赵忠祥从湖南省林业厅葛汉栋厅长和湖南省岳阳市黄兰香代市长的手中接过"洞庭湖湿地保护大使"的证书，饱含深情地说："上有天堂，下有岳阳。"评委宣布观鸟大赛正式开始后，38 支队伍的 300 多名"鸟友"纷纷举起手中的"长枪短炮"，把红嘴鸥在水面上划出的波痕、小白额雁在头顶飞过的优雅身姿、白鹤在水草深处浅吟低唱的诗意场景一一收入视线、摄入镜头。这一幕幕的精彩就发生在 2006 年中国·洞庭湖国际观鸟节上。

东洞庭湖国家级自然保护区管理局局长赵启鸿满面红光、神采飞扬地对我们说，观鸟节的成功举办，充分体现了洞庭湖湿地在我国乃至世界生态保护中的特殊地位，也反映了社会各界对鸟类、对自然、对生

态和谐的高度重视和关切。

■ 聚焦——观鸟人的盛会

"学会观鸟就获得了一张自然剧场的门票，随时可以去原野欣赏精彩演出。"赵启鸿向我们介绍，观鸟源自英国和北欧一些国家，特指用望远镜对野生状态下的鸟类进行观赏的环境认知休闲活动，体现了亲近自然的现代观念，在国际上十分流行。和其他野生动物相比，人类最容易接触到鸟。而鸟一般来说都非常可爱，既不会对人构成伤害和威胁，而体态、颜色、鸣声又让人赏心悦目。因此，当人们渴望走向自然，与自然共处时，观鸟便成为最具吸引力、最时尚、最富于乐趣的一项活动。

"沙鸥翔集，锦鳞游泳……"洞庭湖自古就是鸟类的乐园。为充分利用这一资源优势，增强人们保护自然、保护生态的意识，自 2002 年开始，岳阳市政府就同省林业厅合作开始举办洞庭湖观鸟大赛，至今已举办了 4 届，越办越红火。参赛队伍由最初的 12 支发展到 18 支、26 支、38 支。参加的省市由 10 个扩大到 12 个、17 个、20 个。活动内容由开始的摄影交流到后来成立各地区观鸟会、组织观鸟赛。可以说，洞庭湖观鸟赛已从地方性的节会提升为湖南省三大国际活动品牌之一，成为演绎洞庭湖鸟类文化、凸现人与自然和谐共生的舞台。正因为如此，本次观鸟节进一步淡化了"赛"的色彩，强调了群众的参与，突出了"节"的气氛和生态主题。开幕式前，岳阳市博物馆还特意举办了为期两个月的洞庭湖生态图片展，展出洞庭湖湿地生态景观作品、鸟类标本、野外装备等，供人们近距离接触。在观鸟大赛进行的同时，举行了群众性的湿地论坛，宣传和普及湿地知识。本次观鸟比赛没有像其他竞技体育比赛那样排列名次，在颁奖会上也不公布各队观鸟种数，目的就是为了鼓励大家多欣赏鸟儿，多关注生态和自然。

在短短一天多的比赛时间内，参加观鸟大赛的 38 支队伍在洞庭湖的沼泽地、洲滩、湖岸上共观测到了鸟种 190 种，超出上届的 151 种。来自北京大学的队伍观测到 107 种各类水鸟和林鸟，成为本届观鸟赛观测到鸟类最多的一支队伍，并获得优胜奖。来自湖南的楚才队也收获颇丰，观测到了99种鸟。尤其令人惊喜的是，这次还发现了乌雕、黄雀、白眉䳭、领角鸮、白腹鸫、灰眶雀鹛、小鳞胸鹪鹛等12种新来洞庭湖的鸟。

■ 广角——鸟儿的天堂

"洞庭湖湿地能成为东北亚湿地水禽主要越冬地，绝非偶然。她是全国独此一处的生态湖。"赵启鸿掰着手指，为我们娓娓道来。

"北通巫峡，南极潇湘。"洞庭湖历经浅海地槽、地台、地洼、湖盆的演变，形成了现在环山抱湖、湖中有山的独特地貌。广袤的湖区，形成了具有独特功能的湿地系统。冬季近地层的温度比同纬度远离湖区的平均温度高出2℃。这种适宜温度，为鸟儿前来越冬提供了良好的气候条件。湖区季节性的半陆半水，丰富了植物种类，也为鸟类提供了必备的越冬食物和饮用淡水。东洞庭湖是洞庭湖东、西、南三块中面积最宽广，保存最完整的聚水湖盆。每年冬季，百万羽候鸟翩翩而至，起飞时遮天蔽日，落地时叫声不绝，蔚为壮观。

早在1982年，湖南省人民政府就批准建立东洞庭湖自然保护区。划定墨山铺、注滋口、大通湖和磊石山之间为管辖范围，共有19万公顷。核心保护区主要沿后湖、大小西湖至采桑湖一线，共1.6万公顷湖滩。1992年7月，中国政府正式加入《国际湿地公约》。东洞庭湖自然保护区与青海湖鸟岛、黑龙江扎龙等6个自然保护区同时被列为国际重要湿地。从此，东洞庭湖自然保护区在日益频繁的国际交往中，向世界展示洞庭独特的"鸟世界"。

关于东洞庭湖鸟类的神奇，赵启鸿向我们讲述了一个真实的故事。1993年，国际鹤类基金会前主席阿基波前来东洞庭湖保护区考察。他在君山后湖至丁子堤沿线，发现了200只白鹤和800只白鹳。而这两个濒危物种全球总数都只有3 000只。阿基波当时高兴得在草地打滚。从此，东洞庭湖被称为拯救国际濒危鹤类的希望地。

东洞庭湖的珍稀物种远不只有鹤类。同样让国际鸟类专家赞不绝口的还有小白额雁。这个被列入鸟类保护红皮书的濒危物种，全球记录为2.5万只。日本专家根据国际通行的计算方法，在东洞庭湖一次就记录到 1.78 万只。而令芬兰专家们垂青的中华秋沙鸭，全世界记录的仅 1 000 对左右。整个日本只发现过 2 只，芬兰也仅有 4 只，而在东洞庭湖，专家们一次就发现了 10 对。在他们心中，洞庭湖成了当之无愧的"世界明珠"。

赵启鸿自豪地说，鉴于东洞庭湖在湿地保护和生态建设中的特殊地位，1994 年，经国务院批准，东洞庭湖自然保护区升格为国家级自然保护区。1994 年和 1998 年，湿地国际组织、国家林业局两次把国际湿地保护研讨会放在东洞庭湖召开，并共同发表了《岳阳宣言》，号召全世界共同保护湿地，在国际上产生了强烈而深远的影响，也为中国赢得了声誉。

■ 远景——人与自然和谐

2006 年 12 月 2 日，洞庭湖国际观鸟节主体活动之一的"湿地保护与可持续发展（岳阳）论坛"举行。应邀而来的专家学者们纷纷为洞庭湖生态现状"号脉开药"。赵启鸿一丝不苟地做着记录，听得非常仔细。他坦言，自己于 2006 年 7 月刚从岳阳市林业局办公室主任升任东洞庭湖国家级自然保护区管理局局长，一上任就在全国自然保护区工作会议上接到了国家林业局颁发的"全国自然保护区示范单位"铜牌，深感压力很大。

赵启鸿说，推进洞庭湖区的综合管理和可持续发展的困难不少，集中体现在 4 个方面：一是湖泊萎缩、过度捕捞和湖水污染严重，生物多样性维护困难；二是管理洞庭湖的部门和向洞庭湖下手的企业多，协调难度大；三是财政投入有限，东洞庭湖保护经费筹措不易；四是人员编制严格，人才引进难。

他认为，只要理清思路，突出重点，注重落实，就一定能解决好这些问题，把东洞庭湖湿地保护好。赵启鸿雄心勃勃地向我们介绍了自己的打算：以湿地资源管护为中心，努力把保护区建成生态良好、湿地秀美、物种丰富、科学利用、充满活力的国家级湿地示范保护区，把东洞庭湖打造成为长江之肾、鸟类天堂、国际友谊桥梁和旅游精品。

5.3 如何借力，社会共管是一种有效机制

虽然我国的自然保护区建设事业时间不长，不到 60 年，但是自然保护事业是一个历经沧桑的事业，非一朝一夕之功，就可达到保护和建设目标，如何让人们关注自然保护区，关心自然保护事业、自然生态和资源保护，保护区必须要借助各方力量，以期达到对资源和生态的最佳保护。

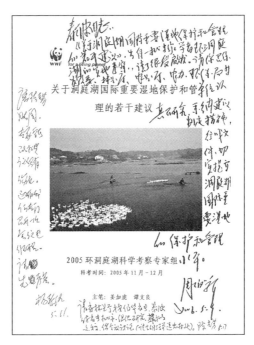

时任湖南省省长周伯华同志批示

5.3.1 借法规之力，规范社区行为

政策法规是保障东洞庭湖湿地及其资源保护有章可循、有法可依的重要准则。法律保障必须借助党政之力，以党政的高度重视和法规的强制力，促成全社会把自然保护工作由包袱变为责任、由可有可无

变为当务之急，由一个部门的职责变为全社会职责。

东洞庭湖国家级自然保护区作为湖南省唯一的国家级湿地类型保护区和我国的第一批国际重要湿地，近年来在推动健全的湿地保护法律法规体系建设方面，起到了重要作用。在保护区的推动下，湖南省和岳阳市政府出台了系列的湿地保护政策和法规。

2004年，湖南省人民政府办公厅下发了《关于加强湿地保护管理工作的通知》（湘政办函〔2004〕146号）；2005年，湖南省人政府颁布并施行《湖南省湿地保护条例》；2005年，湖南省人民政府还召开专题会议，并印发了《关于调整东洞庭湖核心保护区管理权属有关问题的会议纪要》（湘府阅〔2005〕101号）；2006年，湖南省人民代表大会常务委员会颁布了《关于加强洞庭湖渔业资源保护的决定》；2006年省人民政府办公厅下发了《关于加强洞庭湖湿地保护管理工作的通知》（湘政办函〔2006〕168号）；2007，湖南省人民政府办公厅下发了《关于成立洞庭湖湿地保护委员会的通知》（湘政办函〔2007〕113号），正式成立了以副省长任委员会主任的洞庭湖湿地保护的综合性协调机构。2005年，岳阳市人民政府印发《岳阳市人民政府常务会议纪要第42次》，对东洞庭湖核心保护区的管理权属调整做出明确指示。2006年，岳阳市人民政府印发了《关于洞庭湖核心保护区大小西湖及壕沟封闭管理办法的通告》，对东洞庭湖的大小西湖及壕沟正

保护区工作人员在封闭管理区巡护

在保护区管理站举行公审公判大会

式实行封闭管理。2007年，岳阳市委办公室、岳阳市人民政府办公室下发了《关于加强东洞庭湖湿地保护管理工作的通知》（岳办发〔2007〕13号）。2008年3月，岳阳市委、市政府成立了以市长任组长的"东洞庭湖综合治理领导小组"。

东洞庭湖保护区借助政府之力，推动政府出台上述系列政策和法律法规，逐步建立起了湖南省特别是东洞庭湖湿地保护的法规保障体系，为东洞庭湖湿地保护提供重要的法律保障。

5.3.2　借社区之力，构筑共管体系

社区工作是湿地保护的双刃剑，既是保护的有效屏障，又是保护的矛盾集中地。为此，保护区与社区中的主要单位君山区、建新农场、君山公园、大桥管理局和岳华公路管理所建立了"1+5"区域合作组织，定期召开联席会议，加强沟通和合作，形成了较为完善的共管制度。

保护区与社区开展的"1+5"合作活动

2008年，保护区在保护区内聘请了16名渔民组长担任湿地保护协管员，负责对所辖渔民进行宣传教育和监督管理；在保护区周边13个乡镇、渔场、芦苇场挑选了38名有影响、有威望的干部群众，组建了资源保护联防队伍；2011年，为了更好地保护好大小西湖及壕沟封闭管理区，成立了"大小西湖及壕沟封闭共管委员会"，通过定期交流信息、研究管理措施、协助保护区制止损害资源的行为等方式，在湿地资源

保护区在社区开展扶贫助学活动

保护中发挥了十分重要的作用。

　　社区的积极参与是湿地保护主流化的关键，在湿地生物多样性保护中发挥重要作用。保护区充分发挥周边政府、社区和管理部门的力量，经常联合组织召开乡、村、渔场负责人会议，周边公安派出所所长会议和各片区渔民组长会议。形成了警民联手、地方和部门齐抓共管的网络，构建了比较完整的社区共管体系。

5.3.3　借公众之力，建设生态屏障

　　生态文明是全面建设小康社会的重要标志之一，自然保护是一个关系到人类生存的大事，为了让公众最大限度地参与到湿地保护中来，我们除了在"湿地日"、"爱鸟周"和"环境日"等与生态环境保护相关的特殊节日，开展环保志愿者下乡、进村入户、入校专题讲座等宣传活动外，还通过开展"个十百千万"工程，着手实施"保护一个母亲湖，打造十个社区生态乡镇，聘请百名协管员，发动千名湿地志愿者，动员万户生态家庭"活动，在周边社区筑起一道生态保护屏障。此外，保护区与世界自然基金会（WWF）联合创建的"志愿者之家"，给关注洞庭湖生态保护的企业、社会、团体、个人搭建一个合作交流的平台，同时也扩展了保护区开展公众科普教育的思路和公众参与保护区管理的探索。

为志愿者和协管员颁发证书

保护区在国际湿地日举行志愿者进社区宣传活动启动仪式

5.3.4 借媒体之力，营造保护氛围

这些年，东洞庭湖国家级自然保护区把宣传教育作为一件重要工作来抓，并被评为湖南省生态文明教育基地。宣传教育工作中，媒体是重要"武器"，是宣教的重要手段，但媒体又是一把双刃剑，怎样用好媒体，也是宣教工作的重点。保护区通过创新的

中央电视台新闻联播报道东洞庭湖
国家级自然保护区

工作方法，设计媒体宣传的题材，很好地引导了媒体宣传的方向，在加大宣传力度的同时，也引导媒体深度挖掘湿地保护中存在的问题，引起了社会公众的共鸣。

近年来，参与湿地宣传报道的有新华社、中央电视台、人民日报、中央人民广播电台及湖南卫视、旅游卫视等 60 多家媒体，新闻媒体累计报道 1 200 多次。仅 2008、2009 年，平均每年中央电视台新闻联播报道就达 2 次，省市媒体报道达 200 多篇（张），省级媒体报道平均每月报道 1 次，市级媒体平均每周有 1 次报道，营造了湿地保护的良好氛围。

湖南卫视报道保护区

赵启鸿局长与赵忠祥交流湿地保护

5.4　如何借智，平台建设是一种有效手段

生态平台建设是保护区发展的智力之源。近年来，保护区着手开展了包括生态研究、监测等在内的多种生态平台建设。

5.4.1　与中国科学院合作加强科研平台建设

在与中国科学院亚热带农业所共同建立洞庭湖生态监测站的基础上，通过多次会议建立科研合作备忘录，进一步加强 3 个领域内的研究合作：①湿地功能性研究，主要针对洞庭湖湿地的社会服务功能，研究服务价值的科学数据。②生物多样性研究，主要针对洞庭湖的物种及其栖息地，提供科学的保护依据。③湿地管理适应性

保护区与中国科学院合建的野外监测站和宣教中心

研究，主要针对洞庭湖的水位与生物多样性的关系，研究水位管理模型和最佳水位值。

5.4.2　与中国环科院合作加强监测平台建设

中国环科院与保护区合作，共同实施鸟类、鱼类、植被、江豚和麋鹿等生物多样性监测项目，并在保护区建立了洞庭湖野外监测台站，共同开展针对洞庭湖江湖关系的包括水文、水质、土壤、物种在内的多种监测活动，共同建设洞庭湖监测平台，开展多种监测

鸟类监测

鱼类监测	麋鹿监测
植被监测	江豚监测

和研究活动。

5.4.3 与国务院三峡办合作加强生态修复资金平台建设

自 2010 开始，保护区加强了与国务院三峡办的对接和项目申报。2011 年，三峡办在东洞庭湖投资 1 200 万，实施湿地保护示范工程项目。2012 年，在长江中下游湿地保护区建设与完善项目规划中，又拟投资近 3 000 万元，进一步加强东洞庭湖湿地生态保护工作。保护区通过对湿地恢复特别是通江湖泊的生态保护资金的引进，扩大了与三峡办的合作范围，加强了生态修复资金平台建设。

5.4.4 与相关保护区加强交流平台建设

为了加强与鸟类迁徙线路上的保护区之间的交流，东洞庭湖保护区与扎龙、双台河口等保护区建立了"姊妹"保护区组织，并定期开展姊妹保护区交流与合作会议。在国家林业局的领导和世界自然基金会（WWF）的推动下，东洞庭湖保护区与长江流域相关保护区建立了长江保护区网络，每年以年会的形式开展经验交流活动。通过保护区间的横向交流，不仅增进了相互间的了解，开阔了干部职工的眼界，同时也为保护区发展引进了可借鉴的经验。

东洞庭湖被授予长江网络示范保护区

5.5　如何发展，产业建设是一种有效尝试

5.5.1　生态有机产业

保护区发展以有机生态产品为特色的产业，是为了保护与利用的有机结合，是社区发展的需要，也是为了推动主流化进程，解决人鸟争食矛盾的需要。为此，东洞庭湖保护区组织生态农业专家、旅游专家、产业发展专家和世界自然基金会（WWF）、社区政府官员，进行了充分论证，并确定了中国科学院、君山区、保护区、世界自然基金会和合作企业联合的"4+1"发展模式，以及科学规划、建立平台、共同开发的发展思路。2012 年，保护区与一家生态农业企业合作，开展了鸟类食源补给地、替代生计和有机农产品示范基地等建设，并取得了初步成效。

5.5.2　生态旅游

"生态旅游"这一提法最早由世界自然保护联盟（IUCN）于 1983 年首先提出，

鸟类食源补给基地、鸟类损害农作物研究基地暨生态农业产业、替代生计产业规划图

与保护区合作公司的有机生态产业基地

1993 年国际生态旅游协会把其定义为"具有保护自然环境和维护当地人民生活双重责任的旅游活动"。生态旅游的内涵更强调的是对自然景观的保护，是可持续发展的产业。本着"生态优先、特色鲜明"原则，保护区制定了《湖南东洞庭湖国家级自然保护区生态旅游规划》，拟将充分利用东洞庭湖独特的湿地景观和丰富的动物资源（特别是鸟类资源），开展以观鸟、休闲、度假为主要内容的生态旅游。"规划"重点开展以"一线两路、一村两馆和一节一论坛"的核心的生态旅游示范区建设。

"一线"是指君山公园至东洞庭湖湿地核心地段——采桑湖和六门闸，沿洞庭湖大堤 32 公里生态长廊建设。该长廊把君山公园、丁字堤、荷

岳阳楼

君山岛

花公园、采桑湖、大小西湖、六门闸野生鱼都等景区串接，将有效延长岳阳楼景区旅游线路，充分整合"楼、岛、湖"旅游资源。目前洞庭湖大堤路面正在逐步硬化，已具备建设基本条件。

"两路"是指一条水路和一条陆路。一是水路，结合有关水利项目，打通君山岛至大小西湖的临堤壕沟，开通岳阳楼—君山岛—丁字堤—大小西湖旅游观光航道，乘船赏景品茶、观鸟看苇，深入洞庭感受湿地风情。二是陆路，君山岛—濠河（湿地公园）—丁字堤—采桑湖——六门闸，将大堤建成生态堤、旅游堤、文化堤，开设骑马、环湖自行车游、马拉松长跑等户外休闲项目。

生态旅游规划图

"一村"是指洞庭湖观鸟村。北京有奥运村，广州有亚运村，岳阳市作为拥有我国唯一"中国观鸟之都"品牌的城市，可以结合新农村建设，将洞庭湖渔村、洞庭湖民俗文化村融为一体，建设中国观鸟第一村，既为生态旅游提供条件，也为社区发展提供平台。

国际观鸟村景观示意图

　　"两馆"是国家鸟类博物馆和洞庭湖博物馆。一是通过声、光、电等高科技手段，以及鸟类标本和活体等形式，展示世界各地丰富多彩的鸟类，打造集宣传、教育、科研于一体的"国家鸟类博物馆"，向人们传播湿地与鸟类保护的科学知识，宣扬人与自然和谐相处的环保理念。二是在保护区内建设涵盖文化、民俗、历史、资源等于一体的"洞庭湖博物馆"。

　　"一节"是指洞庭湖国际观鸟节。观鸟节自2002年由岳阳市主办以来，已逐步成为了我国湿地和鸟类保护的标志性活动，在国内外享有很高声誉，为推动岳阳市生态文明建设进程、构建和谐社会等方面发挥了积极的作用。洞庭湖国际观鸟节定位于中国的生态盛会，采用国家林业局和湖南省政府主办、岳阳市政府承办的固定模式，与生态旅游、生态产业、生态论坛等有机结合，办成每两年一届的综合性、地方标志性节庆活动。

　　"一论坛"是指洞庭湖论坛。海南有以经济交流为主要内容的博鳌

保护区修建的生态文化长廊

东洞庭湖保护区逐渐成为岳阳
中小学校的自然课堂

社会各界爱鸟人士在东洞庭湖
保护区观鸟

2013 年，国家林业局、教育部、共青
团中央共同授予东洞庭湖自然保护区
"国家生态文明教育基地"称号

东洞庭湖保护区近年来所获得的荣誉

论坛，但目前中国还没有一个专题谈生态的论坛。洞庭湖论坛必将得到国内国际生态组织和相关部门的大力支持。保护区将借鉴"博鳌论坛"的运营模式，将洞庭湖论坛打造成一个立足岳阳，辐射全球的生态盛会，以此提升岳阳市的国际影响和社会地位。

目前，保护区利用项目，进一步加强了基础设施建设，已完成 4D 电影、标本馆、宣教中心、文化长廊、人工湿地、视频监控、野生动物救护与繁育等工程，并将继续开展观鸟走廊、湿地博物馆等围绕打造生态旅游品牌为主的建设，在有较完备的基础设施基础上，开展以湿地景观、文化、观鸟为中心的生态旅游。

5.6 如何融资，专项基金是一种有效模式

自然保护事业是一项社会公益性事业，保护区所保护的资源是人类可持续发展的社会共享资源，保护区建设投入与管理的主体是政府财政，为了增强社会公众的保护意识和资源合理利用观念，集中社会力量进一步加强对洞庭湖湿地保护，保护区与中国绿化基金会一道建立了"洞庭湖生态保护专项基金"，基金由热心于生态保护的组织、企业和个人组成，其资金主要用于洞庭湖生态建设。这是全国第一个由自然保护区发起成立的湿地保护基金会，不但对洞庭湖湿地保护起到很好的推动作用，而且对当前自然保护区的多元化融资形式提供了可借鉴的模式。

赵启鸿局长向伊拉克环保部长、GEF 总裁莫妮卡介绍东洞庭湖湿地情况

5.7 如何提质，三大转变是一项重要抓手

5.7.1 人才由初级向高级转变

人才是一个单位发展的关键。保护区为了实现自身人才由初级向高级的转变，主要采取了三项措施：

一是开展内部培训。每年5月至8月的每个周末，保护区都会聘请国内知名生态及其生物多样性保护、法律、财务等专家，为全体干部职工开展"生态课堂"培训活动，以此提高员工的业务素质。

二是举行比赛活动。保护区通过技能大比武、观鸟赛等活动，提高员工的"实战"水平。

保护区举办的技能大比武活动

三是参加外地学习。为了发挥员工个人优势，做到人尽其才，保护区根据员工不同特长，分别派遣他们到瑞尔项目、北京林业大学、国家林业局、省林业厅和湖南师范大学等单位和大专院校学习。

通过不同形式的学习，以

保护区举办的周末生态课堂

及相关实践活动的开展，目前保护区已拥有了一批专业层次高、敬业精神强的团队，为保护区的发展打下了坚实的基础。

5.7.2 管理由粗放型向精细化转变

一是内部管理精细化。在几年的实践中，保护区根据保护管理的需要，不断更新和完善了包括工作职责、财务管理、考勤、奖惩、行政执法、科研和监测等在内的各项管理制度，以及一线管理站的相关制度，做到了按制度管人、管事的精细化管理。

二是湿地管理精细化。首先是从一线管理站站点布局上，根据湿地保护需要精心选址，科学布局。其次是在湿地保护上，除正常的巡护管理外，保护区还依靠先进的科研成果，开展湿地恢复等工作，使湿地保护工作更加细化。

5.7.3 保护由"单元"向"多元"转变

湿地首先作为水禽的栖息地被加以保护，东洞庭湖保护区首要的职能也是作为候鸟保护区而成立，多年来，保护区一直以候鸟保护作为工作的首要内容。近年来，随着湿地研究的不断深入，湿地保护的内涵和外延也在不断扩充，东洞庭湖保护区的中心工作也发生了很大改变。保护区已由单一的鸟类保护转向包括江豚、麋鹿、鱼类、植被等在内的湿地生物多样性及其栖息地，以及整个生态系统的保护。

第6章
东洞庭湖湿地保护与发展成果

6.1 形成了一套保护理论

东洞庭湖国家级自然保护区是我国具代表性的湿地保护区之一，有专家曾坦言，"鉴于洞庭湖在中国的政治、经济、文化、历史、地理、民族、人口、资源、流域贡献和维持生态安全方面所具有的重要地位和象征意义，解决好了洞庭湖湿地生物多样性保护与可持续利用的矛盾，就标志着中国湿地生物多样性保护与可持续利用的矛盾的解决。"这是一个艰巨的任务，同时也是神圣的历史使命和国际义务。东洞庭湖保护区在生存与发展，解决保护与可持续利用矛盾过程中，逐渐总结并形成了一套适合自身发展模式的特色发展理论，"围绕一个目标和两大主题，建设三大基地，明确四大重点，树立五大品牌，打造六大示范，借助八大力量"。

一大目标就是"努力把美丽、和谐的洞庭湖留给未来"；两大主题是"严格保护、科学利用"；三大基地是指"中国湿地研究基地、中国湿地教育基地和中国湿地产业基地"建设；四大重点就是努力把东洞庭湖湿地打造成"鸟类天堂、国际桥梁、旅游精品、和谐典范"；五大品牌就是"洞庭湖国际观鸟节、岳阳论坛、全国生态文明教育基地、中国洞庭湖国际观鸟村、洞庭湖生态保护专项基金"；六大示范是"以国际重要湿地为核心的生态保育示范，以国际观鸟节为纽带的公众参与示范，以新的江湖关系背景下的生态研究示范，以湿地生态旅游为基础的生态利用示范，以世界自然基金会（WWF）为代表的国际合作示范，以先忧后乐精神为主流的工作团队示范"；八大力量是指"借党政之力，把握方向；借平台之力，传播思想；借媒体之力，营造氛围；借名人之力，影响社会；借社区之力，影响群众；借法规之力，打击犯罪；借专家之力，敲响警钟；借项目之力，争创一流"。

保护区根据这套保护理论，结合总体规划和管理计划制订年度工作任务，有的放矢地开展湿地保护工作，取得了较好的保护成效。

东洞庭湖湿地景观

6.2 打造了一批生态品牌

6.2.1 洞庭湖国际观鸟节

经过10年努力6届观鸟节的举办，"中国观鸟之都"、"最值得驻华大使馆向世界推荐的中国生态城市"，洞庭湖国际观鸟节不仅为岳阳市赢得了荣誉，而且也逐渐发展成为中国大陆地区最具影响力的观鸟品牌，成为公众参与的平台和推动湿地保护主流化的舞台。

2007年、2009年观鸟节上，岳阳市分别被授予"中国观鸟之都"和"最值得驻华大使馆向世界推荐的中国生态城市"荣誉

6.2.2　全国生态文明教育示范基地

洞庭湖哺育了灿烂的湖湘文化，孕育出了众多的文人墨客，他们写出了流芳千古的绝句，而如今洞庭湖保护区内丰富的鸟类资源，吸引了许多热爱自然、热爱生活的人们。中国科技大学、北京林业大学、东北林业大学、中国农业大学、中南林业科技大学等大专院校与保护区建立了"科研文化教育基地"、"科学教学实践基地"等教育教学基地。2009年，共青团湖南省委、湖南省

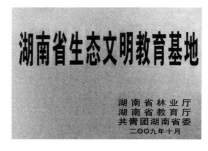

教育厅、湖南省林业厅联合授予了保护区"湖南省生态文明教育基地"。现在，在地方政府和林业主管部门全力支持下，保护区正在努力将洞庭湖湿地打造成"全国生态文化教育基地"。

6.2.3　洞庭湖生态保护专项基金

洞庭湖生态保护专项基金是由我国自然保护区成立的第一个生态保护基金，通过基金的平台进一步加强科学监测，促进科学规划，推动科学管理，从而实现科学地可持续利用洞庭湖；同时，增加各级政府特别是生态建设的投入，拓展筹资渠道，广纳社会资金，形成了保护母亲湖、建设生态湖、构建和谐湖与保存未来之湖的社会氛围，以实现保护与开发并举，生态与社会共赢的人与自然和谐的良好局面，对洞庭湖生态保护以及科学合理的利用产生深远和积极的影响。

专项基金成立筹备会

中国绿化基金会洞庭湖生态保护专项基金管理细则

一、根据国务院《基金会管理条例》《中国绿化基金会章程》和《中国绿化基金会专项基金管理规则》，制定本细则。

二、本专项基金的名称为：中国绿化基金会洞庭湖生态保护专项基金。

三、本专项基金在中国绿化基金会设立专户，指定专人管理，成立由中国绿化基金会秘书长为主任，湖南东洞庭湖国家级自然保护区管理局代表为常务副主任，共同成立管理委员会对专项基金进行管理。

四、本专项基金由湖南东洞庭湖国家级自然保护区首次募集捐赠人民币100万元作为专项基金基本金。中国绿化基金会和湖南东洞庭湖国家级自然保护区管理局应不断宣传动员社会各界及国际组织捐赠，使本专项基金逐步扩大。待基金规模超过100万元，超过部分由专项基金管理委员会制定规划方案，专门用于洞庭湖生态保护项目相关活动。

五、本专项基金的使用范围主要是：

1. 洞庭湖范围内以生态保护为主的项目；

2. 与洞庭湖湿地保护有关的各类社会公益活动；

3. 洞庭湖生态保护的宣传、环境教育和人员培训；

4. 洞庭湖生态保护的科学研究项目；

5. 洞庭湖生态保护必要的基础设施和保护区功能建设；

6. 洞庭湖生态保护奖励活动；

7. 双方同意的其他生态保护公益活动。

六、本专项基金的使用按照捐赠者的意愿，根据专项基金管理委员会的项目规划方案和管委会主任、常务副主任共同签署项目书面拨款通知书，方可拨付项目资金。

七、根据国务院《基金会管理条例》和中国绿化基金会章程的规定，本专项基金可以存入金融机构收取利息，也可以通过购买债券等有效途径，促其安全保值增值。基金增值收入仍用于洞庭湖保护区建设。

八、在应急情况下，经双方协商同意，可以动用基本金，但原则上不得超过50万元。动用基本金后，两年内基本金不足人民币50万元，经中国绿化基金会审核后，应予以撤销该专项基金，专项基金管委会也随之撤销。

九、专项基金管理委员会是中国绿化基金会的非常设办事机构，不具备法人资格，因此，所募集资金必须全部打入中国绿化基金会捐款账户。专项基金管理委员会私自接受捐赠，或实施洞庭湖生态保护项目监管不力，给中国绿化基金会造成不良影响，中国绿化基金会应予以撤销专项基金及其管理委员会，情节严重的应追究法律责任。

十、中国绿化基金会办公室负责本专项基金的日常管理，湖南东洞庭湖国家级自然保护区管理局在代表中国绿化基金会依法在国内外广泛开展社会募捐和使用专项基金的过程中，与中国绿化基金会共同对捐赠者负责。

十一、本专项基金的筹集、使用、管理，接受国家、社会、舆论和捐赠者的监督；筹集、使用、管理情况，每年应向本会监事会报告一次。

十二、本细则由中国绿化基金会秘书长和湖南东洞庭湖国家级自然保护区管理局代表签字盖章后生效。未尽事宜由双方友好协商解决。

6.3 搭建了一批生态平台

6.3.1 通过"洞庭湖国际观鸟节"搭建了公众参与的生态宣教平台

观鸟节是我国观鸟爱好者真正的盛宴，6届累计参与的媒体、队员、社会公众等近60 000万，50余家媒体报道及转载达1 500余篇（次），观鸟节也由此成为了湖南省重要的宣传教育平台之一。

洞庭湖观鸟节是我国第一批观鸟爱好者心血凝结的产物，也是在我国不断加入到观鸟行业的生态保护人士细心呵护下成长起来的品牌，正因为如此，洞庭湖观鸟节也推动并见证了我国各地观鸟组织的发展历程。从首届观鸟节上讨论并计划在各地成立观鸟会，到之后北京、上海、深圳、湖北、

观鸟节上的观鸟爱好者

四川等地观鸟会如雨后春笋般成立，再到现在全国各地观鸟会的蓬勃发展，洞庭湖观鸟节是我国观鸟组织发展和壮大的无形而有力的助推器。随后湖北、河南、江西、宁夏等地相继举办了观鸟节，洞庭湖观鸟节的辐射能量，正在延伸并扩展成为公众参与宣传教育的平台。

6.3.2 通过"岳阳论坛"搭建了公众参与的生态理论平台

"岳阳论坛"是谈生态保护的理论盛会。两届岳阳论坛共聚集国内外知名专家200余人，并发表了重要的湿地保护宣言《洞庭湖宣言》，这不仅丰富了观鸟节的内容，提高了生态保护的科学高度，同时也增

加了观鸟节的厚重力，使岳阳论坛成为了公众参与的理论平台。

6.3.3 通过"洞庭湖生态保护专项基金"搭建了公众参与的生态融资平台

洞庭湖生态保护专项基金是中国绿化基金会的子基金，是中国目前2 000 多个自然保护区的第一个生态保护专项基金，资金主要来源于政府资助、企业和个人捐赠。基金成立后，其资金主要用于支持洞庭湖湿地保护、生态宣传、环境教育、生境恢复、社区管理、科学研究、物种监测与保护、水文水质研究和必要的基础设施、保护区功能建设，及生态保护奖励活动等。该基金的成立，搭建起了社会公众参与湿地保护的生态融资平台，社会公众可以通过捐赠的方式参与到湿地保护中来。

长江湿地网络保护区 **2008** 年年会

6.3.4 通过建立"志愿者之家"搭建公众参与的生态保护平台

保护区建立的志愿者之家，是集湿地保护的公众参与、环境教育等于一体的志愿者活动基地。在志愿者之家，保护区已建立起了志愿者准入、奖励等机制，设置了志愿者工作岗位和完善的志愿者管理与评估体系。通过开展志愿者活动，不仅有力补充了湿地保护力量，同进也为公众参与湿地生态保护搭建了良好的平台。

保护区成立的志愿者之家和开展的志愿者活动

6.4 争取了一批生态项目

项目建设是保护区发展的引擎。近年来，保护区通过联合国全球环境基金（GEF）、世界自然基金会（WWF）、国务院三峡办、国家林业局、湖南省林业厅等国际组织和政府部门，争取洞庭湖湿地保护与恢复工程项目、GEF 生物多样性保护项目、国务院三峡办项目等各种项目资金达 5 000 余万元，开展了系列湿地及其生物多样性保护工程建设。

6.4.1 湿地保护与恢复工程项目

该项目资金 1 135 万元，是国家发改委和国家林业局批复，由东洞庭湖保护区实施的湿地生态保护类型项目。通过该项目，保护区修建了三个管理站和一个宣教中心，对部分退化湿地进行了恢复，保护区内基础设施得到了很大程度改善。

6.4.2 国务院三峡办生态示范工程项目

该项目是东洞庭湖保护区争取的行业外最大的项目，项目资金 1 200 万元，两年完成。通过该项目，保护区开展了湿地恢复、文化长廊、视频监控、4D 电影建设，项目重点建设区——采桑湖区域，已形成集观鸟、宣教、旅游、科研、保护等于一体的综合性保护站，并

项目建设的 **4D** 动感影院和标本馆

正逐步向湿地保护示范区过渡。

6.4.3 中国环境科学院生物多样性监测项目

通过积极争取，保护区在中国环境科学院得到了每年 60 万元项目资金支持，用于江豚、麋鹿、鱼类、鸟类、植被和东方田鼠的生物多样性监测，该项目的实施，有力弥补了保护区在多项物种监测方面的空白。

6.4.4 湿地补助资金项目

2010 年和 2011 年，东洞庭湖保护区分别争取到湿地补助资金 550 万元和 300 万元，主要用于湿地恢复、社区建设、设备更新等湿地保护能力建设，有力促进了保护区的发展。

6.4.5 全球环境基金（GEF）一、二期建设项目

东洞庭湖保护区在 2007 年完成 GEF 湿地保护一期项目的基础上，从 2011 年开始配合省林业厅申报 GEF 二期项目。

第二期 GEF 项目是湖南省争取的重点国际援助项目，由联合国粮农组织（FAO）组织实施，项目资金 600 万美元。省林业厅对该项目高度重视，并多次组织洞庭湖 4 个保护区召开相关会议。根据项目设计要求，东洞庭湖积极组织讨论，并申报了近 300 万美元的项目内容。

6.4.6 保护区基本建设（二期）项目

2012 年，国家林业局批复了保护区二期项目，该项目资金 1 200 万元，前期批复 500 万元项目资金，主要用于保护区科研办公大楼建设。

6.5　培养了一批生态专家

保护区在地方政府和主管部门的高度重视，以及项目的支撑下，通过学习、培训、交流等措施，保护区的管理理念和能力得到了提高，并且培养了一批生态保护专家。

"工作中学习，工作中提高"是保护区培训和学习策略，能力建设既有课程培训，也有参与项目实施实际工作。近年来，保护区的培训内容涉及湿地动植物鉴定、野外巡护、生物多样性监测、GIS 等，有近120 次人次参与了项目培训、考察交流学习，4 人参加了在职研究生学习，2 人送到大专院校培训，参与各类项目活动实施人员则多达 200 多人次。

通过项目提供的培训，引入了湿地保护国际先进经验和技术，使项目管理人员、技术人员业务知识得到了更新和提高。项目实施不但提高了保护区普通员工的综合业务素质，而且也培养出了多名专家能手。保护区已涌现出了 10 多名水禽鉴定专家和鱼类鉴定能手，原保护区职工雷刚、蒋勇，均已成为 WWF 武汉办公室、长沙办公室的负责人；张鸿成为了计算机专家，不但承担了本项目"洞庭湖地理信息系统"的部分开发工作，还被聘为 WWF 的自然保护区网络建设专家；姚毅则成长为知名水鸟摄影师，经常有佳作见诸报端杂志，还提供了《洞庭湖脊椎动物监测及鸟类资源》一书中的大部分鸟类照片；刘向葵成长为一名生态保护专家，并成为北京林业大学第一批自然保护专业硕士生。近年来，保护区员工在《中国国家地理》《森林与人类》《湿地通讯》《人与自然》《中国绿色时报》等国内各种期刊发表文章、照片等累计达 40 多篇幅次。

保护区培养的人才将是保护措施和成果得以持续发展，并影响其持续发挥效力的最有力保障。

6.6　形成了一套保护管理制度

为了规范内部管理，确保各项工作规范化、制度化，进一步提高湿地保护的工作效能，保护区结合东洞庭湖机关和各管理站的实际情况，逐步完善了包括工作职责、工作流程、财务管理、考勤、行政执法、奖惩、行政处罚自由裁量权、科研和监测、野生动物救护等各项全局性工作制度，以及管理站内务、卫生、举报等一线工作制度，和志愿者准入、志愿者岗位设置、志愿者奖励等专项工作制度。保护区将经修订和完善的工作制度编印成工作手册，基本做到工作中有章可循，事务处理上有据可查。

《东洞庭湖国家级自然保护区管理局工作手册》摘录

湖南东洞庭湖国家级自然保护区管理局工作流程

1. 工作指挥流程

局长 ⟶ 局分管领导 ⟶ 科室站、中心和大队 ⟶ 干部职工

2. 工作请示流程

工部职工 ⟶ 科室站、中心和大队 ⟶ 局分管领导 ⟶ 局长

3. 收文流程

送分管领导提出意见 ⟶ 送局长批示 ⟶ 按批示送有关人员办理；

办公室收文登记送分管领导批示 ⟶ 按批示送有关人员办理

4. 发文流程

科室站、中心和大队起草 ⟶ 办公室审核、编号登记 ⟶ 分管领导会签 ⟶ 局长签发

5. 资金使用流程（物品采购和接待除外）

制订资金使用方案 ⟶ 报科室站、中心和大队负责人签署意见 ⟶ 报分管领导审核 ⟶ 报局长审批

6. 物品采购流程

制订物品采购计划和预算 ⟶ 报科室站、中心和大队负责人签署意见 ⟶ 报分管领导审核 ⟶ 报局长审批 ⟶ 送采购办采购

7. 接待流程

填写接待单 ⟶ 报科室站、中心和大队负责人签署意见 ⟶ 报办公室，填写接待标准和接待地点 ⟶ 报分管领导审批

8. 报账流程

经手人填写票据和审批单 ⟶ 科室站、中心负责人初审 ⟶ 财务

科复审──→分管领导审核──→局领导审批

9. 请假流程

（1）工作人员请假：填写请假条──→报科室站、中心负责人签署意见（或审批，请假1天的）──→报局长审批（请假2天的，报分管领导审批）──→办公室备案

（2）科室站、中心负责人请假：填写请假条──→报局长审批──→办公室备案

10. 考勤考核流程

（1）管理站、中心：考勤机打卡──→保护科按月采集考勤数据──→办公室汇总──→张榜公布──→年度考核

（2）机关：考勤机打卡──→办公室采集考勤数据并汇总──→张榜公布──→年度考核

11. 印章使用流程

（1）合同、协议等印章使用：合同、协议等报办公室审核──→局长签字（或局长委托签字）──→档案室盖章──→签章后的合同、协议等存档

（2）公文印章使用：办公室审核、登记──→局长审批──→档案室盖章

（3）其他印章使用：局长审批──→档案登记、盖章

12. 行政执法流程

（1）简易流程：违法事实确凿并有法定依据，适合个人50元以下、法人或其他组织1 000元以下罚款

发现违法事实──→出示执法证──→告知违法事实和处罚依据──→听取陈述申辩──→填写"当场处罚决定书"交付当事人──→复议或诉讼──→执行──→结案归档

（2）一般流程：

A. 行政处罚案件：发现违法事实──→审查立案──→调查取证──→提出处罚意见──→送达处罚事先告知书（重大案件或罚款数额超过5 000元以上的，需报告审核）──→听取当事人陈述申辩──→制作处罚决定书──→送达决定书──→填写送达回证──→执行──→结案归档

B. 移送案件：发现违法事实 ⟶ 审查立案 ⟶ 调查取证 ⟶ 移送（司法机关、有管辖权单位或报请上级）⟶ 制作移送文书 ⟶ 回执 ⟶ 结案归档

C. 不需处罚案件：发现违法事实 ⟶ 审查立案 ⟶ 调查取证 ⟶ 提出不需处罚的处理意见 ⟶ 报局长审批 ⟶ 结案归档

D. 登记保存物品处理流程：需登记保存物品的 ⟶ 填写"登记保存通知单" ⟶ 不易保存物品，保护科报局长批准（活体野生动物报市林业局批准予以放生，并填写"放生记录表"）⟶ 处理，所得款项存入财政指定账户 ⟶ 送达罚没实物收据 ⟶ 归档

13. 野生动物救护流程

送科技科（或救护中心、管理站）接收 ⟶ 填写接收登记表 ⟶ 送救护中心，诊断并实施救护 ⟶ 填写病历档案 ⟶ 放飞并填写放飞登记表（若死亡的，填写死亡登记表）

14. 行政审批流程

（1）进入缓冲区从事非破坏性科学研究、教学实习和标本采集活动

提交申请和活动计划 ⟶ 报保护科签署意见 ⟶ 报分管领导审核 ⟶ 报局长审批

（2）进入核心区从事科学研究观测、调查活动

提交申请和活动计划 ⟶ 报保护科签署审查 ⟶ 报分管领导签署意见 ⟶ 报局长审核 ⟶ 报省林业厅保护处审批

6.7　获得了一系列荣誉和奖励

这些年来，在各级各部门的支持、关心下，东洞庭湖国家级自然保护区各项工作得到了上级党委、政府、部门的充分肯定，连续七年获得省、市林业系统先进单位，连续三年获得"岳阳市委先进基层党组织"称号。2013 年，获得国家林业局、环保局、农业部、中科院等七部委联合表彰。2014 年，世界自然保护联盟评定湖南东洞庭湖国家级自然保护区为全球 23 处绿色保护地之一，这也是中国唯一进入该名录的湿地类型保护区。

参考文献

［1］余久华.自然保护区有效管理的理论与实践［M］.杨凌：西北农林科技大学出版社，2006.

［2］陈家宽，雷光春，王学雷.长江中下游湿地自然保护区有效管理十佳案例分析［M］.上海：复旦大学出版社，2010.

［3］温亚利，斯考特（Scott Mccrmick），等.自然保护区社区共管指南［M］.北京：中国林业出版社，2002.

［4］塞雅尔·沃拉赫，迪昂·塞斯拉尔·斯文森.综合保护与发展培训者手册——在矛盾中寻求和谐［M］.北京：科学出版社，2003.

［5］国家林业局等.中国湿地保护行动计划［M］.北京：中国林业出版社，2000.

［6］保罗·伊格尔斯，斯蒂芬·麦库尔，克里斯·海恩斯.保护区旅游规划与管理指南［M］.北京：中国旅游出版社，2002.

［7］张建龙等.自然保护区巡护管理［M］.北京：中国林业出版社，2002.

［8］崔奕波，李钟杰.长江流域湖泊的渔业资源与环境保护［M］.北京：科学出版社，2005.

［9］付保荣，惠秀娟.生态环境安全与管理［M］.北京：化学工业出版社，2005.

［10］李小云，左停，靳乐山.环境与贫困：中国实践与国际经验［M］.北京：社会科学文献出版社，2004.

［11］邓大才.湖村经济——中国洞庭湖区农民的经济生活［M］.北京：中国社会科学出版社，2006.

［12］窦鸿身，姜家虎.洞庭湖［M］.北京：中国科学技术出版社，2000.

［13］袁正科.洞庭湖湿地资源与环境［M］.长沙：湖南师范大学出版社，2008.

［14］李姣.洞庭湖湿地生态系统价值评估［M］.长沙：湖南师范大学出版社，2007.

［15］汪松.保护中国的生物多样性［M］.北京：中国环境出版社，1999.

［16］李剑源.我国自然保护区发展中的问题与对策［J］.江苏林业科技，2006，

33（4）: 50~53.

［17］宋朝枢. 自然保护区工作手册［M］. 北京: 中国林业出版社，1988.

［18］王献薄. 自然保护区的理论与实践［M］. 北京: 中国环境科学出版社，1989.

［19］李文华，赵献英. 中国的自然保护区［M］. 北京: 商务印书馆，1995.

［20］喻洪,罗菊春,崔国发,等. 自然保护区类型划分研究评述［J］. 西北农业学报，
　　　 2006，15（1）: 104~108.

［21］汤姆·泰坦博格. 环境与自然资源经济学［M］. 北京: 经济科学出版社，2003.

［22］蒋勇. 洞庭湖湿地资源保护与利用研究［D］. 长沙: 湖南农业大学，2008.

［23］赵克金，蒋勇，张鸿，等. 湖南东洞庭湖国家级自然保护区总体规划，2006.

［24］于光辉，张可荣. 自然保护区发展现状、问题及对策研究［J］. 甘肃林业，2011.

［25］国家林业局野生动物保护司. 自然保护区现代管理概论［M］. 北京: 中国林
　　　 业出版社，2001.

［26］马建章. 自然保护区学［M］. 哈尔滨: 东北林业大学出版社，1992.

附件（媒体反响）

自然保护区的生存方式：包装洞庭湖？

2007 年 8 月 8 日

世纪经济报　王娜

7 月下旬，记者随国家林业局主办"绿色长征·和谐先锋"团，沿长江展开调研。从上海出发，沿长江逆流而上，走访"上海崇明东滩"、"东洞庭湖"和"神农架"三个国家级自然保护区。

东洞庭湖落后的保护设备和匮乏的保护资金，是近 2 500 个自然保护区的一个缩影。东洞庭湖的选择是，借势包装和营销。

7 月底，东洞庭湖闷热。湖区采桑湖管理站鸟类标本博物馆难得地迎接了一批客人——来自北京林业大学前来考察的学生们。

他们从上海出发，沿长江逆流而上，本是来洞庭湖寻找生态环保的成功案例的。但眼前的博物馆—— 一间仅有 15 平方米的屋子，一只落满灰尘的小天鹅与十几只鸟类标本孤独地站着。

采桑湖是湖南东洞庭湖国家级自然保护区的核心管理站，这个平日里只有 4 人办公的三层小楼面前是面积为 1 328 平方公里的湖面，那里便是 315 种鸟类越冬和迁徙停歇的天堂。

站在洞庭湖夏季的大堤上，一辆辆汽车沿湖呼啸而过，湖中的鱼儿也聚集在车轮驶向的远方—— 一排排以"洞庭"命名的活鱼餐馆。

由于管理资金紧张，冬季观鸟，夏季捕鱼的管理方式就辩证地兼顾了保护和效益的统一。

2006 年 7 月，当赵启鸿由岳阳林业局办公室主任的位置调至保护区担任管理局局长时，他便开始用湖南人见长的策划营销，酝酿整体包装洞庭湖，并将其提升到"维护国家生态安全"的高度。

"眼前就有湖南卫视运作超级女声和快乐男声的例子。"赵启鸿坐在岳阳市花板桥一条巷子深处，简陋的办公小楼里，绞尽脑汁地为东洞庭湖找"题材"，包装"上市"。

赵启鸿所面对的，是被誉为"长江之肾"的洞庭湖保护区所面临的管理难题，特别是湿地型保护区所遭遇的资金困局。

长江得了肾病

洞庭湖入江处，依稀能看到往日"衔远山,吞长江,浩浩荡荡,横无际涯"的风采，但很多地方湖水半边黄半边清,泾渭分明,这让大家怀疑看到的并不是同一个湖面。

保护区管理局的工作人员说,其实洞庭湖这两年的水质改善很多,少见酱油色了。这得益于省环保部门——继去年年底紧急叫停了湖区8家无有效的污染防治设施或长期超标排污的化学制浆造纸企业后,今年年初又对146家造纸企业实行停产整治。

然而,仍有小废纸造纸企业却在"抢抓机遇",大兴土木;湖区的生活用水也多数没有处理。保护区更是担心那些已经关闭的造纸企业说不准哪天会卷土重来,因为在部分县区造纸企业上缴的税收曾占到了全县工业税收的1/4。

不仅是水污染,学生们被告知如今再提"八百里洞庭"有些言过其实了,多年的湿地围垦使洞庭湖面积不仅缩小了三分之二,更是被人为地分割成如今的东、西、南三块。

回溯历史,人们简单地将"湿地"等同于"荒地"、"荒滩"。却不知,因为湿地有蓄水防洪、排污清毒的作用,尽管有了三峡大坝,但专家们普遍认为洞庭湖——整个长江中下游区域唯一一处江、河、湖泊吞吐自如的"水袋子",其防洪能力于长江依然举足轻重。

湿地萎缩直接导致了鸟类减少

今年来在东洞庭湖越冬的水鸟无论是总量还是单一鸟种的数量均较2000年以前明显下降,总量由2002年30万只下降到2004年13.4万只,2005年11.01万只,2006年更糟。国际濒危物种东方白鹳由802只下降到36只,鸿雁由原来的3 000多只下降到不足300只,小白额雁的数量也下降了40%,原来发现的200只白鹤在2004年1只都没有发现。

对此,赵启鸿也觉得无奈,"我曾不止一次和渔民交涉,我翻尽资料、找尽依据,想用最动听的语言诠释湿地及人鸟相依的重要,可对方总是一句话三个字'拿钱来'作总结。"

他盘算了一下自己的家底,在每年的资金来源中,岳阳市政府负担了管理局人头费和办公费;去年315万渔民的生态补偿费是他游走11个省厅机关"化缘"来的;而保护区生态保护则全部依赖国家林业局启动的"恢复湿地示范工程"。

2005年,岳阳市政府通过由保护区对洞庭湖进行封闭式管理的方案。但由于年均近千万的生态补偿资金缺口，在每年 10 月 1 日到次年 4 月 30 日的候鸟栖息时间以外的月份适当向世代以捕鱼为生的村民开放——这也是对保护区同样有话语权的林业和渔业部门博弈的结果。

包装洞庭湖

"冬季到洞庭来看鸟"，是东洞庭湖国家级自然保护区经过多年精心准备而推出的一个口号。

世界自然基金会的专家们评价说，它是一种态度，也是为洞庭湖打造的一张新名片。

夏天的东洞庭湖畔，最常见的仅是牛背鹭站在牛背上蹦跳；而在冬季，特别是 2 月，是候鸟集结准备北迁的时候，银鸥、红嘴鸥密密麻麻占据一大段湖滨，起起落落忙个不停……

赵启鸿甚至将清查洞庭湖家底的功劳归于观鸟节，在筹办了 4 届洞庭湖观鸟节和 1 届洞庭湖国际观鸟大赛后，已经新发现近 60 个鸟种，使洞庭湖鸟类的总数达到 315 种。

"5 年来，来观鸟节的专家和参观人员多达 600 多人，公众参与 20 000 人次"，赵启鸿更是对于这些人在东洞庭湖的保护中所能发挥的宣教意义寄予厚望。

2006 年，借着观鸟节的高人气，"湿地保护与可持续发展——岳阳论坛"也同期举行。对于这次岳阳论坛的经济收益，赵直言："收支基本平衡"。

赵启鸿绞尽脑汁地为东洞庭湖找"题材"，包装"上市"。

2007 年 7 月 20 日，中国绿色碳基金高规格成立，这是中国绿化基金会旗下的专项基金。这给了赵启鸿灵感。

赵启鸿随即与中国绿化基金会取得联系，并与对方迅速达成共识。赵将在 8 月底前起草上报一份项目策划书，而一旦获批组建，这将是中国第一个湿地生态保护基金，也是中国第一个自然保护区发展基金。

而赵启鸿的第二个灵感来自于中国石油天然气集团公司，该公司向中国绿色碳基金捐款 3 亿元，而据估算，这些捐款用于造林，今后十年内可以吸收固定二氧化碳 500 万~1 000 万吨。

"成立基金不难，难的是如何运作。"赵将目光锁定在湖南白沙卷烟集团——在白沙烟的烟盒上，一口古井边立着两只漂亮的丹顶鹤；而"鹤舞白沙，我心飞翔"的广告语更是为其积淀下来的品牌资产。

赵启鸿还大胆设想，将中国所有与鸟有关的企业，甚至歌唱过鸟的歌手都聚集起来。

湿地公园开发困局

据国家环保总局《2006 年中国环境状况公报》统计，截至 2006 年年底，我国共有国家级自然保护区 265 个，而各级各类自然保护区的总数已经达到 2 395 个，占国土面积的 15.16％。

东洞庭湖保护区采桑湖站站长高大立告诉记者，在资金配套和管理设施上，比东洞庭湖保护区条件差的也绝不占少数。

而分析赵启鸿对东洞庭湖的包装思路，专家们认为应该给予鼓励。北京林业大学自然保护区学院副院长崔国发说，在我国中央政府对自然保护区整体投入不足，以及各自然保护区缺乏长效投入机制的情况下，东洞庭湖这种建立基金吸纳社会资本参与生态保护的行为值得提倡。

但提到赵启鸿正在策划筹建的"湿地公园"，专家们的态度便开始变得谨慎了。

在赵看来，解决湖区村民转产和生计替代问题是当务之急。于是，开展生态旅游，建设一个 400 亩湿地公园的设想出炉。赵认为，这可以一举数得：其一，预计每年游客 50 万，门票和相关产业带动收入便是保护区的长效投入；第二，这 400 亩地建立在保护区核心区外的岳阳市君山区，涉及一个镇，两个村，又解决了村民的生计和就业问题；第三，可以与北京林业大学等专业高校合作，打造科研基地和青少年生态环保教育基地。

一份题为《洞庭湖生态公园项目报告》的文件已经报送湖南省发改委。按照《报告》，洞庭湖湿地公园预计前提投入 1 个亿，其中计划由省政府有关部门投入 5 000 万，其余通过招商引资来解决。

赵所设想的是，在 2008 年年底湿地公园能够初步成形，届时，"湖底世界"、"杨子鹗园"、"麋鹿园"、"荷花园"、"观鸟屋"、"江豚馆"等旅游观光将现于洞庭湖畔。

崔国发对于洞庭湖湿地公园的前景表示担心，因为湿地型保护区并不像神农架等森林型保护区一年四季景色各异，洞庭湖湿地公园在夏季的观赏性会暗淡许多。

而北京林业大学教授温亚利则认为，更为重要的是，我国湿地保护本来起步就晚，复杂性多。尽管之前有杭州西溪国家湿地公园的典范，但是该公园投资高达 60 多亿，其投资回报比例，以及生态旅游对于生态保护的意义目前并没有非常科学的评价。

专家们所担心的是，在我国湿地保护条件不成熟的情况下，开发湿地公园会进一步造成生态的恶化。

对于赵启鸿这个新任刚一年的局长，有工作人员这样评价："年轻，脑子活，想法多，但不知道能不能实现。"

当下，局里的工作经费只能应付人员工资，而在这个国家级自然保护区管理局，80％的人没有坐过飞机，90％的人患有血吸虫病。

但是最刺痛赵的不是艰难的现实，而是对于自己殚精竭虑为洞庭湖包装策划究竟是"保护"还是"搞钱"的争议。他坚持认为，"发展带来的效益是为了更好地保护。"

大爱铸忠诚　苦干创一流
——湖南省东洞庭湖国家级自然保护区科学发展纪实

2010 年 9 月 22 日

中国绿色时报　刘艳丽　张鸿

2009 年 1 月，天寒地冻，湖风正紧，很多人躲在空调房不肯出门。湖南省岳阳市东洞庭湖国家级自然保护区的 41 名工作人员，兵分三路，展开了一次大型环湖科考。3 支队伍深入湖区每个角落，考察发现了目前中国最大的自然野化麋鹿种群，共调查到 47 头麋鹿。

对保护区的工作人员来说，这样的行动是很寻常的。每当东方白鹳、白鹤、小白额雁等珍稀鸟类迁徙东洞庭湖的季节，每当江豚等濒危物种出现的日子，他们都会忙于观测记录，对每一次重大发现欣喜若狂。

洞庭湖是我国第二大淡水湖和少有的天然通江湖泊之一，正处在北纬30°的全球生物多样性最丰富的黄金线上，是世界自然基金会确定的全球 200 个生物多样性热点地区之一，分布有动植物 1 728 种。这些年来，东洞庭湖国家级自然保护区的工作人员采取常规监测、同步监测、鸟类调查以及环湖科考等方法，邀请专家同步进行，积累了大量的物种资源监测数据，为保护区的品牌崛起提供了夯实的科学保障。

作为全国自然保护区示范单位，东洞庭湖国家级自然保护区突出打造了 4 个方面的示范：

——以国际重要湿地为平台的生态保育示范。岳阳市政府于 2006 年 4 月下达通告，决定对东洞庭湖的大小西湖及壕沟实行封闭管理，禁捕、禁捞、禁猎，取得了明显成效。

——以东洞庭湿地生态旅游为载体的生态利用示范。"湖底世界"、"扬子鳄园"、"麋鹿园"、"荷花园"、"观鸟屋"、"江豚馆"等具有湿地文化特色的景观建设，将会成为东洞庭湖生态旅游的重要组成部分。

——以观鸟节为纽带的公众参与示范。保护区已举办了 6 届观鸟节，影响力与日俱增，引导更多的人加入生态保护行列。

——以应对新的江湖关系的生态研究示范。保护区先后与中国科学院、国务院三峡办、中国野生动物保护协会等部门，大自然保护协会、世界自然基金会、全球环境基金等国际组织，以及国内外有关的大专院校进行生态研究和密切合作，共建了洞庭湖野外定位站，开展了适应性管理项目，洞庭湖定位监测站、湿地保护等许多项目正在申报和洽谈中。

与此同时，在洞庭湖湿地保护区的品牌宣传方面，保护区也做出了卓越的成绩。

2006 年 7 月，新上任的保护区管理局局长赵启鸿作了一个统计：保护区 80%的人没坐过飞机，90% 的一线工作者患有血吸虫病，100% 的纯公益事业。"这三组数字表明了保护区工作的艰难、艰辛与崇高。"赵启鸿说。

当时，正值筹办观鸟节，为了寻求新的亮点，赵启鸿上北京，邀请到中央电视台著名节目主持人赵忠祥参加开幕式，并担任洞庭湖湿地保护大使，第一次使观鸟节上升了档次。

2007 年观鸟节争取到联合国开发计划署在岳阳举办五大洲14 个国家参与的"湿地保护与可持续利用"国际研讨会，发表了《洞庭湖宣言》。

2009 年观鸟节是国际友人来湖南最多的一次，22 个国家的驻华大使和使节偕夫人参加，联合授予了岳阳市"最值得驻华大使馆向世界推荐的中国生态城市"。

2011 年观鸟节的主题是"从高山到大海，湿地连着你和我"，把从青藏高原可可西里到上海崇明东滩的湿地网络在一起，会聚岳阳，到时一定会更具特色和亮点。

近 3 年来，保护区通过联合国全球环境基金、世界自然基金会、国家林业局、湖南省林业厅等，争取洞庭湖湿地保护与恢复项目、示范区保护项目、国务院三峡办项目等各种项目资金 5 000 余万元，并新建了宣教中心、救护与繁育中心及有关设施，开展了栖息地改造和恢复等湿地保护建设。对于东洞庭湖湿地保护区来说，这几年的工作历程是一部国际生态交流史。目前，有美国、日本、芬兰等 10 多个国家和国际组织与东洞庭湖湿地保护区建立了长期的合作关系，冬季到洞庭湖观鸟也成为一种新的时尚。

"先天下之忧而忧，后天下之乐而乐"之名句源于洞庭，作为东洞庭湖的湿地保护者，更具有忧乐情怀。保护区管理局副局长陈小健20 多年如一日，任劳任怨。副局长蒋勇是国内有名的湿地专家，主抓业务。科技科科长姚毅是全国知名鸟类摄影专家。刘和平、刘友君、张怀书、高大立、易飞跃、周勇、包伟等一线人员长年累月工作在湿地，夏天蚊虫叮咬、冬天寒风刺骨，有时身背 20 多公斤重的设备在泥泞中跋涉，还要冒着落水、泥陷甚至被违法人员威胁的危险，在候鸟越冬期忙起来一个月也不能回家。

东洞庭湖的鸟类已由 10 多年前的 160 多种增加到 326 种，越冬水鸟数量也由 10 余万羽上升到 13 万多羽。东洞庭湖湿地人以大爱铸就了对事业的忠诚，写满了对大自然的热爱，践行着大爱无声的美丽诗篇。

人鸟和谐的洞庭湖样板

2012-12-10

中国绿色时报　潘春芳　周彰军　何志高

虽然 11 月的洞庭湖还没到禁渔期，但水位已明显下降，罗序红和其他渔民一样，早在中秋节前后就收网上岸了。

今年，罗序红只打了 3 个月的鱼，收入 2 万多元，"修修补补，也剩不下多少积蓄了。"罗序红说，他准备筹建一个精养鱼池，政府给提供无息贷款。

49 岁的罗序红中等个子，有点黑瘦，但很结实，祖祖辈辈都漂在洞庭湖的连家船上，靠打鱼为生。2009 年，天上掉的"馅饼"砸到了他和邻居们：每户只拿 3.5 万元就可入住岸上 104 平方米的新房。

东洞庭湖自然保护区管理局局长赵启鸿告诉《中国绿色时报》记者，这是湖南省实施的"渔民上岸"工程。渔民上岸后，政府花钱提供养殖、驾驶等实用技术培训，引导他们转产转业，并提供无息贷款。

罗序红所在的安置点有 60 余户渔民，大约 10% 的渔民家庭已开始尝试岸上养殖。非生产季节，部分渔民还出去打零工。

和大部分渔民一样，罗序红目前仍以打鱼为生，虽然收入也不高，但他很知足。可 5 年前的东洞庭湖，却让他看不到希望。

天下洞庭处境难

罗序红赖以谋生的东洞庭湖国家级自然保护区是我国首批 6 块国际重要湿地之一，"水中大熊猫"江豚的栖息地。

由东洞庭湖、南洞庭湖和西洞庭湖组成的洞庭湖曾是我国第一大淡水湖，后来由于围湖造田等原因，洞庭湖逐渐萎缩成我国第二大淡水湖。上世纪 80 年代开始，洞庭湖成为城市建设的牺牲品，到 2002 年，湖区面积仅为 2 650 平方公里，比新中国成立初期的 4 250 平方公里减少了一半，湖区蓄水能力明显下降，每到旱季就严重缺水。芦苇扩种、蔬菜种植和牛羊放牧等活动导致湖区周边土壤环境恶化、效益下降，水禽赖以生存的湿地遭到破坏后，有些种群几乎绝迹，湖区水质最坏时达到劣5类。

赵启鸿告诉记者，虽然占洞庭湖面积60%以上的东洞庭湖早在1982年就成立了自然保护区管理局，但由于缺乏相应的土地权属，管理局的工作仅限于对鸟类和兽类的管理，就连捕鱼、猎鸟、放牧都无权管理，更不用说影响鸟类栖息的非法经营活动了，管理局一度被社区戏称为"管鸟局"。

复杂的社区关系，滞后的法律，"九龙治水"的多头管理，落后的科研，薄弱的经济基础、人才基础和硬件基础，不仅给保护工作带来重重障碍，还让各种占用、破坏湿地的行为有机可乘。

有专家认为，鉴于洞庭湖在历史、地理、人文管理、权属等方面的因素，在中国解决好了洞庭湖湿地保护问题，其他地方的湿地保护问题都能迎刃而解。

三湘儿女挽狂澜

2001年，岳阳市将大小西湖2 000公顷区域划为封闭管理区，明确由东洞庭湖自然保护区管理局实行封闭管理，区内禁止一切生产活动。2005年12月，湖南省政府将大小西湖及壕沟的管理权属流转给管理局，同时规定相关厅局支付300余万元的补偿金给管理局。

得到"尚方宝剑"，东洞庭湖保护区管理局从此如鱼得水，第一号行动就是关闭各类污染企业。断了造纸厂等污染源后，洞庭湖水质由劣V类恢复到了Ⅲ类。

大小西湖核心区封闭管理的成功经验被世界自然基金会（WWF）列为长江流域湿地保护的十大经典案例之一，在我国的湿地保护行业广泛推广。

2005年10月，《湖南省湿地保护条例》的出台更为保护区管理局开展各项工作提供了法律依据。同时，管理局多方筹措，从联合国全球环境基金会、世界自然基金会、国家林业局等单位争取到的各类项目资金5 000余万元，为保护工作"备足了粮草"。

为保持渔业资源可持续发展，化解人鸟争地矛盾，2009年，湖南省财政重金扶持洞庭湖区上万户渔民上岸定居，罗序红家就是东洞庭湖区上岸的366户"连家船"渔民家庭之一。

在东洞庭湖，社区成为捍卫生态安全底线的生力军。湿地保护协管员队伍、资源保护联防队、大小西湖及壕沟封闭共管委员会等大大小小的分散在各个社区的群众志愿者组织被自然保护区发展成庞大的民众监管网络。

72岁的张厚义，曾是闻名洞庭的"捕鸟王"，保护区成立后，他成为当地很有威望的护鸟协管员，每年至少有120天在湖里巡护，以前鸟看到他就跑，现在打鸟的人看到他就跑。

以鸟为媒赚人气

初到岳阳市，赵启鸿首先邀请记者到采桑湖观鸟去。

放眼望去，成群的鸟儿在湖面上时而滑翔，时而停歇，时而吟唱，活泼的姿态、秀美的倩影，好一派"鸟在湖中走，人在梦中游"的景象。

赵启鸿告诉记者，素有"鸟类天堂"之称的东洞庭湖早在 2002 年就举办了中国内地第一个观鸟节，引起了很大反响，湖南省、岳阳市和保护区管理局非常看好这个品牌活动的影响力，从此一办就是 6 届，一届更比一届火，每届都有来自20 多个国家和地区的观鸟爱好者涌向东洞庭湖。中央电视台主持人赵忠祥欣然担任洞庭湖湿地保护形象大使。

2007 年，中国野生动物保护协会授予岳阳"中国观鸟之都"；2009 年，22 个国家驻华大使联合授予岳阳"最值得驻华大使馆向世界推荐的中国生态城市"。随着观鸟节的连续举办，"冬季到洞庭来看鸟"已成为岳阳的金字招牌。

采桑湖渔场的护鸟协管员高元满告诉记者，保护区正筹划在他们村建中国观鸟第一村，村民们都很支持。

赵启鸿坚信"如果只谈保护，路会越走越窄"，所以，他正在谋划打一局以观鸟、休闲和度假为主要内容的生态旅游牌。他计划建一个集宣传、教育、科研于一体的"世界鸟类博物馆"，再建一个集文化、民俗、历史、资源于一体的"洞庭湖博物馆"，让洞庭湖的牌子响起来，让湿地保护的钱活起来。

人鸟争粮难破解

从采桑湖渔场回去的路上，记者看到一个"人鸟佳园生态产业基地"的大牌子。

原来，这里有 2 230 亩地专门种植小麦、水稻等鸟类喜食作物以备候鸟取食，还有一块试验地，专门研究鸟类对农作物的损害课题。

记者了解到，东洞庭湖丰富的鸟类资源让岳阳名扬四海的同时，也给当地农民带来了不小的损失。保护区建这个基地，一方面希望给候鸟补给食源，一方面希望尽可能降低农户损失。

"尤其 2008 年后，鸟越来越多了，对农作物的影响特别大，特别是小麦，现在我们都不种了，种了以后颗粒无收。我们甚至反映到市里，但是那个补偿款子也很难下来。"高元满最大的愿望就是能够给他们多一点补偿。

然而，针对这一问题，赵启鸿明确表示保护区力不从心，目前能做的就是积极引导，比如通过建立十个生态乡镇和生态学校、聘请百名协管员、招募千名志愿者、成立万户生态家庭等方式，让群众理解保护湿地的意义，最多也就是施以"小恩小惠"的"情感抚慰"。

人鸟佳园生态产业公司董事长夏晓玲则表示："如果公司确实很吃力，可能今后就不能做这么大了。"

赵启鸿认为："虽然国家给一些湿地补偿资金，但对这么大面积的保护区来说真是杯水车薪。要从根本上解决这些问题，光靠地方政府是不够的，希望尽早出台国家层面的湿地补偿机制。"

陪同记者采访的湖南省林业厅副巡视员吴剑波也表示，保护区群众生存、发展的权利应得到充分的尊重，当基本生活得不到保障时，真正意义上的保护是不可能的。

记者还了解到，和全国大多数自然保护区一样，东洞庭湖保护区也面临着人力不足的问题。赵启鸿说，一个拥有 19 万公顷面积的国家级自然保护区，人员配备至少应在 190 人左右，而东洞庭湖目前只有 41 人的编制。

"目前最好的办法就是让社区群众参与到保护中来，比如给他们提供一些巡护岗位，既能增加他们的收入，又能加强保护。"吴剑波表示，资金仍是个问题。

五驾马车，打响国际生态牌

2012 年 7 月 1 日
岳阳晚报　邹谋勇

时任岳阳市委书记黄兰香曾经面对媒体说："东洞庭湖有着自身独特的湿地文化底蕴，要通过我们的努力把东洞庭湖湿地打造成为岳阳、湖南乃至中国的一张国际生态名片。"

"我要支持你们一条标志性的巡湖船，表示对你们工作的肯定。"国庆期间，国家林业局自然保护司长张希武在东洞庭湖考察时，动情地对东洞庭湖自然保护区管理局局长赵启鸿如是说。

从"全国示范保护区"的评定，到最近荣获"全国先进集体"；从历届国际观鸟节的举办，到荣膺"中国观鸟之都"；从首批"国际重要湿地"的列入，到荣获"最值得驻华大使馆向世界推荐的中国生态城市"……东洞庭湖国家级自然保护区管理局启动"项目、平台、品牌、监管、示范"五驾马车，打响了国际生态牌，荣登了国际国内生态品牌榜。

争项目，想方设法，敢叫旧貌变新颜

曾几何时，东洞庭湖自然保护区条件艰苦，有人说，管理站房子像农舍，人

员像农民，财务欠债 200 多万元。2006 年 7 月，赵启鸿任局长，受命于危难之时，他作了一个统计，当时保护区 80％ 的人没坐过飞机，90％ 的一线工作者有血吸虫病，100％ 的纯公益事业，这三组数字表明了保护区工作的艰难、艰辛与崇高。

"要发展，项目建设是基础、是引擎，抓住了项目就抓住了牛鼻子。"赵局长如是说。他想方设法策划项目，夜以继日与专业人员研究包装项目，马不停蹄去长沙、北京、三峡等地跑项目。精诚所至，金石为开，近几年来，通过联合国全球环境基金、世界自然基金会、国家林业局、省林业厅等单位，争取洞庭湖湿地保护与恢复项目、示范区保护项目、国务院三峡办项目等各种项目 12 个，争取到资金 5 000 多万元，新建了宣教中心、救护与繁育中心及有关设施，开展了栖息地改造和恢复等湿地保护建设，管理站按国际标准建设，所有基础设施与国际接轨。并增添了巡湖船、文化长廊、远程视频监控等设备。项目建设为保护区发展奠定了坚实的基础。

搭平台，千方百计，筑巢引凤求合力

生态平台建设是保护区发展的力量之源。近几年来，保护区千方百计搭建各类生态保护平台：一是**国际交流平台**，他们与世界自然基金会、联合国自然保护组织、美国大自然保护协会等国际生态组织建立了良好的合作关系。二是**科学研究平台**，他们在与中科院亚热带农业所共同建立洞庭湖生态监测站的基础上，通过多次会议建立科研合作备忘录，进一步加强湿地功能性、生物多样性和水位管理适应性三个领域内的研究合作。三是**资源监测平台**，与中国环科院合作，在实施江豚、麋鹿等物种监测的基础上，在丁字堤管理站修建洞庭湖野外监测台站，共同开展包括水文、水质等在内的多种监测活动。四是**资金平台**，保护区在向国务院三峡办申报湿地保护工程项目的基础上，进一步加强与三峡办关于新的江湖关系形势下，对湿地生态修复、物种监测与保护等内容的对接，扩大合作范围，建设生态保护资金平台。五是**社区共管平台**，他们建立联席会议制度，加强与渔政、苇业等部门单位联系，取得支持；还与君山区、建新农场、君山公园等建立"1+5"区域合作组织，加强沟通和合作；同时，通过开展"围绕一个洞庭湖，建立十个生态乡镇和生态学校，聘请百名协管员，招募千名志愿者，成立万户生态家庭"的"个十百千万工程"，营造公众参与湿地保护的氛围。

创品牌，彰显特色，保护利用两相宜

近几年来，东洞庭湖自然保护区结合本地特色，着力生态品牌建设，打造国际生态名片。

举办活动，利用项目，打造国际生态旅游品牌。他们在国际国内率先举办两年一届的国际观鸟节、一年一度的爱鸟周等活动，为岳阳市赢得了"中国观鸟之

都"和"最值得驻华大使馆向世界推荐的中国生态城市"的荣称。通过有声有色的活动拉长了岳阳旅游链，逐步形成"一线一村一馆"格局，"一线"即君山至采桑湖的生态线、旅游线、文化线，"一村"是把采桑湖建成中国观鸟第一村，"一馆"就是推动中国鸟类博物馆落户岳阳。他们还利用项目，正在开展观鸟走廊、4D 电影、文化长廊、人工湿地、标本馆扩建、视频监控等工程建设，围绕湿地景观和湿地文化，以观鸟为中心，推动湿地生态旅游。

举办论坛，利用科研，打造国际生态理论品牌。他们先后举办三次岳阳生态论谈，扩大对外交流。东洞庭湖自然保护区于 1982 年成立，1992 年加入《国际湿地公约》，1994 年升格为国家级自然保护区时，在岳阳举行了"中国湿地保护研讨会"，我国政府第一次公布了《21 世纪中国湿地保护行动计划》；1998 年举办"第六届东北亚及北太平洋地区环境论坛"，形成了《岳阳宣言》；2007 年观鸟节期间，联合国开发计划署在岳阳举办五大洲 14 个国家 120 多人参与的"湿地保护与可持续利用"国际研讨会，并发表了《洞庭湖宣言》，这是世界湿地保护史上的一座里程碑。他们还与中国科学院、中国环科院、北京林业大学、中国科技大学等多所科研院所和大专院校合作，共同开展湿地恢复、湿地生物等多方面的课题研究。通过理论探讨与科学研究，他们逐步形成洞庭湖的生态理论品牌。

突出特色，利用物产，打造国际生态产业品牌。洞庭湖素有"鱼米之乡"之称，湖区各种动植物湿地资源十分丰富，长期以来，有品种没有品牌。为了促进湿地保护与利用的有机结合，鉴于保护区周边鸟类取食和损坏农作物比较严重的情况，他们在组织生态农业专家、旅游专家、产业发展专家和 WWF 官员多次研讨的基础上，正在开展包括鸟类食源补给地、替代生计和有机农业示范基地等建设在内的生态产业建设，特别是生产绿色生态物品，加以策划、包装、宣传，形成品牌。赵局长说："要让广大公众到鱼米之乡不但要有看的、吃的，还要有带的，看在眼里，吃在嘴里，带回家里。"

强保护，披星戴月，迎来群鸟舞洞庭

2009 年 1 月 3 日，天寒地冻，湖风正紧，保护区 41 人分成三个组，兵分三路，带着干粮，开展大型环湖科考，三支队伍深入湖区的每个角落，考察发现了目前中国最大的自然野化麋鹿种群。每当东方白鹳、白鹤、小白额雁等珍稀鸟类迁徙东洞庭湖的季节，每当中华鲟、白鲟、江豚等濒危物种出现的日子，他们认真采取常规监测、同步监测、鸟类调查以及环湖科考等方法，邀请教授、专家同步进行，积累了大量的物种资源监测数据。据悉：洞庭湖是我国第二大淡水湖和少有的天然通江湖泊之一，正处在北纬 30° 的全球生物多样性最丰富的黄金线上，是世界自

然基金会确定的全球 200 个生物多样性热点地区之一，依赖其生存的物种非常丰富，有动植物 1 728 种，其中国家一级保护的有 13 种，国家二级保护的有 65 种。东洞庭湖湿地堪称世界上巨大的生物超市与物种基因宝库，被誉为"长江中游的明珠"、"拯救世界濒危物种的主要希望地"、"鸟类的天堂"。如东方白鹳，地球存活量不超过 3 000 只，在东洞庭湖曾一次性记录到 802 只；世界濒危物种小白额雁，全球存活量不超过 35 000 只，东洞庭湖最多记录到 20 000 多只，几乎是该物种全球东部种群的全部，东洞庭湖也成为了全世界最大的小白额雁越冬区，被誉为"世界小白额雁之乡"。

近些年来，湿地管理与治理，采取一系列重大措施：2000 年 9 月开始实施退田还湖、平垸行洪的"4350"工程，使洞庭湖面积恢复到 1950 年前的 4 350 平方公里；2007 年年初，洞庭湖畔拉开了污染整治攻坚战的序幕，共有 234 家造纸污染企业被关停，每年减少直排污水近亿吨，洞庭湖水质由局部 V 类和劣 V 类转至地表水 Ⅲ 类标准；2006 年 4 月，岳阳市人民政府《关于东洞庭湖国家级自然保护区核心区大小西湖及壕沟实施封闭管理的通告》正式发布，对核心区内所有水域、洲滩实行封闭管理，禁止狩猎、捕鱼、挖沙、采蒿、植树、割柳、打草、采伐等一切生产经营活动。此后大西湖、小西湖和壕沟近 3 万亩范围内水草长势良好，成为鱼类和水鸟难得的越冬地。

监测结果表明，洞庭湖自然野化麋鹿种群从已不足 10 头，增加到近 60 头，鸟类从 200 多种增加到了 338 种，数量从 10 余万只增加到了 17 万多只。大小西湖封闭管理的成功经验还被世界自然基金会（WWF）列入了长江流域湿地保护的经典十大案例之一，在我国的湿地保护行业广泛推广。

创示范，竭尽全力，不辱使命扛大旗

东洞庭湖湿地是中国首批国际重要湿地之一，东洞庭湖保护区是全国 51 个示范保护区之一，如何打造全国示范，为此，保护区重点开展了五大示范建设。

以国际重要湿地为核心的生态保护示范。他们通过封闭管理、巡护管理和执法打击，重点加强了核心区的保护。近五年以来，共查处破坏野生动物资源类刑事案件 9 起，逮捕判刑 8 人；治安案件 25 起，治安处罚 26 人；行政案件 65 起。成功救护并放飞鸟类 1 721 只。

以国际观鸟节为纽带的公众参与示范。保护区已成功举办了六届国际观鸟节，有近 5 万人参与了观鸟节的相关活动，并为岳阳市赢得了"中国观鸟之都"和"最值得驻华大使馆向世界推荐的中国生态城市"的荣誉。由部门保护向全社会保护转型也成为东洞庭湖湿地保护的一大特色。

以新的江湖关系为背景的生态研究示范。在新的江湖关系影响下，洞庭湖生态面临着一系列变化，也衍生出一系列课题，在此背景下，保护区与中科院、北京林业大学等多家科研机构合作，共同开展后三峡时代多项与湿地有关的科学研究工作。

以湿地生态旅游为基础的生态利用示范。保护区结合市委、市政府"楼、岛、湖"整合规划，正在着手编制生态旅游规划，并通过各项基础设施建设，开展以湿地景观和观鸟为中心的生态旅游。同时，保护区还在通过国际项目等渠道，进一步推动有机生态产业的发展。

以世界自然基金会（WWF）为代表的国际合作示范。保护区积极主动与世界自然基金会（WWF）、全球环境基金和美国大自然保护协会等国际组织紧密联系并保持良好的合作，保护区将继续加强与湿地国际、联合国粮农组织等国际组织的广泛交流，打造国际合作交流平台。

有耕耘就有收获。近年来，保护区连续六年被评为省、市林业系统先进单位和先进党支部，先后三次被市农委、岳阳市直机关工委、中共岳阳市委评为先进党组织。特别是最近，北京传来快讯：东洞庭湖国家级自然保护区荣获全国先进集体。赵启鸿局长也在近两年内先后获得"首届湖南林业优秀青年"、"全国野生动植物资源保护先进个人。"

后 记

　　屈指算来，担任东洞庭湖国家级自然保护区管理局长已8年时间，常在夜深人静之时感悟良多。

　　在中国的基层从事生态保护，就好比一个农村的家庭培养艺术家一样，是一个很有前途的事业，但又处处充满艰辛。

　　这种艰辛主要表现在法律支撑不力，管理体制不顺，投入机制不畅，社会氛围不浓。从而衍生出一系列的矛盾：保护与发展的矛盾，保护区与社区的矛盾，保护区与其他部门的矛盾，保护区目标与保护区现实的矛盾。从国家层面上讲，这些矛盾导致的直接后果是十年来我国湿地面积减少了8.82%，而这些矛盾的解决可能需要一个漫长的过程。因此，保护区的管理者应积极探究适应保护区自身的保护与发展之路。笔者结合在北京林业大学在读硕士毕业论文，对东洞庭湖国家级自然保护区的工作作了一些实践和思考，汇编成册，也算是对这些年工作的一些回顾与总结。

　　在编撰该论文的过程中，张鸿、刘向葵及姚毅同志给予了大量的支持，可以讲是我们的一个共同成果。由于本人水平、学识有限，文中不乏缺陷与错误，敬请批评指正。

作者于2014年9月

特别鸣谢

北京林业大学自然保护区学院
世界自然基金会（WWF）
中国科学院亚热带农业生态所
湖南东洞庭湖国家级自然保护区管理局

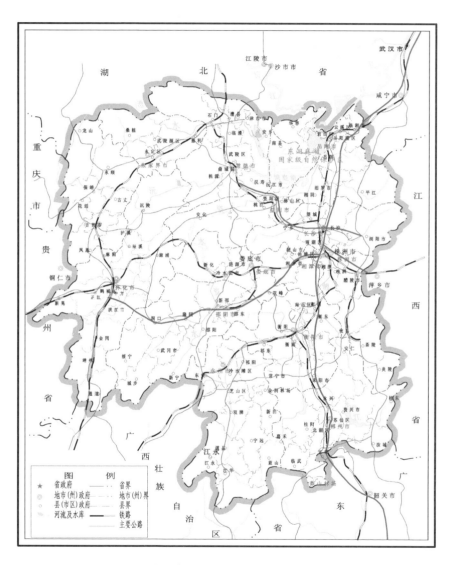

湖南东洞庭湖国家级自然保护区位置图

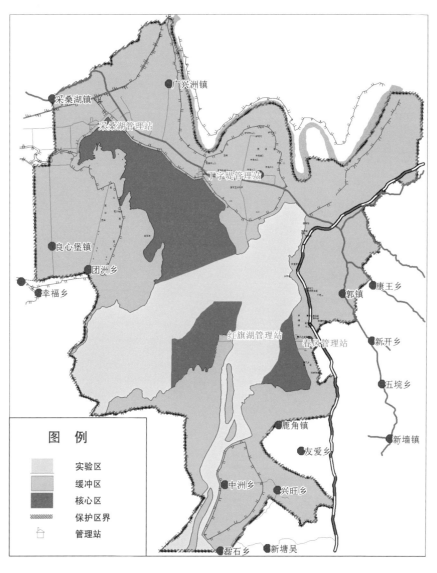

图 例

实验区
缓冲区
核心区
保护区界
管理站

湖南东洞庭湖国家级自然保护区功能分区图

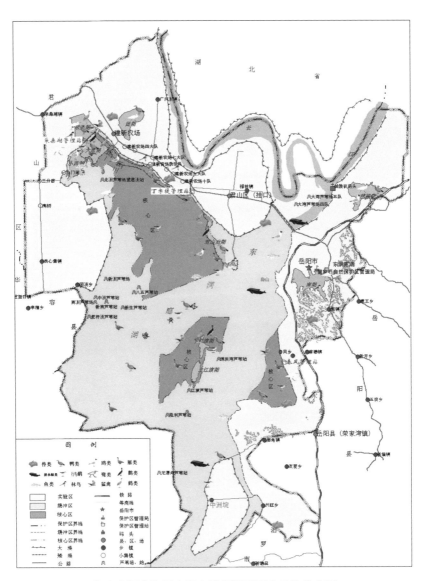

湖南东洞庭湖国家级自然保护区野生动物分布图

2008 年，赵启鸿与全国政协原副主席毛致用合影留念

2012 年，赵启鸿向全国政协提案委员会副主任阳安江汇报湿地保护工作

2014 年，国家林业局局长赵树丛在湖南省林业厅厅长
邓三龙陪同下视察东洞庭湖自然保护区

2009 年，国务院三峡办主任汪啸风考察保护区

2012 年，赵启鸿陪同湖南省委常委、宣传部长许又声视察东洞庭湖保护区

2014 年，赵启鸿陪同湖南省委常委、长株潭"两型社会"试验区工委书记张文雄视察东洞庭湖保护区

2014 年，国务院三峡办副主任陈飞视察保护区

2009 年，赵启鸿陪同湖南省原副省长唐之享视察东洞庭湖保护区

2013 年，赵启鸿向湖南省副省长，时任岳阳市委书记黄兰香汇报工作

2014 年，赵启鸿陪同益阳市市长胡忠雄考察东洞庭湖湿地

2013 年，赵启鸿陪同 WWF 中国总干事卢驰骋考察东洞庭湖湿地留影

2014 年，赵启鸿陪同省发改委主任谢建辉考察东洞庭湖保护区

2006 年，赵启鸿与湖南电视台著名节目主持人梅东合影